文化理论丛书

首都师范大学文化研究院编

New Urban Space and Scene Making in Beijing

北京都市新空间与景观生产

许苗苗●著

中国社会科学出版社

图书在版编目(CIP)数据

北京都市新空间与景观生产/许苗苗著. —北京：中国社会科学出版社，2016.5
（文化理论丛书）
ISBN 978-7-5161-8080-8

Ⅰ.①北… Ⅱ.①许… Ⅲ.①城市空间—空间规划—研究—北京市②城市景观—景观设计—研究—北京市 Ⅳ.①TU984.21②TU-856

中国版本图书馆 CIP 数据核字(2016)第 084273 号

出 版 人　赵剑英
责任编辑　郭晓鸿
特约编辑　席建海
责任校对　郝阳洋
责任印制　戴　宽

出　　版　中国社会科学出版社
社　　址　北京鼓楼西大街甲 158 号
邮　　编　100720
网　　址　http://www.csspw.cn
发 行 部　010-84083685
门 市 部　010-84029450
经　　销　新华书店及其他书店

印　　刷　北京君升印刷有限公司
装　　订　廊坊市广阳区广增装订厂
版　　次　2016 年 5 月第 1 版
印　　次　2016 年 5 月第 1 次印刷

开　　本　710×1000　1/16
印　　张　14.25
插　　页　2
字　　数　221 千字
定　　价　52.00 元

凡购买中国社会科学出版社图书，如有质量问题请与本社营销中心联系调换
电话：010-84083683

目　录

新空间和历史记忆

空间消费和意义生产

概念的空间和应用的空间

附 录

序

许苗苗的《北京都市新空间与景观生产》作为首都师范大学北京文化研究院“文化理论”丛书中的一本，由中国社会科学出版社推出，值得祝贺，我是该项目的负责人之一，因此她希望我为之作序——

许苗苗对都市空间进行研究，起始于她的博士论文《大都市小空间——写字楼阶层的诞生与新都市文化》。许多年轻人做这类研究，往往是受某种理论的启发，然后在生活和书本中寻找相应的材料和例证。而许苗苗却不同，她是对写字楼生活有了切身体验，才试图去认识和理解空间理论的。因此写字楼阶层的诞生和都市的空间生产对于她来说，是非常直观的对象，而非理论思考的产物。

有关都市空间研究，虽然是十分时髦的话题，其理论谱系和思想来源却不易梳理，以往物理空间和精神空间是两分的，在列斐伏尔那里拓展出了“社会空间”理论。所谓的“社会空间”是在物理空间和精神空间中建构的，并总是和一定的政治权力，以及社会的生产方式相关联。列斐伏尔提醒人们，必须认识到那种客观、公平和纯粹的“空间公理”已不复存在。因为社会空间有某种排他性——不是它本身有排他性，而是在具体的社会历史进程中，“空间已经被占据了，被管理了，已经是过去的战略对象”了，因此“空间是政治性的”[1]。当然，空间不仅仅是政治性的，还有许多相关因素缠绕其间，因此，我们才能理解苏贾（Edward W. Soja）为何以“第三空间”

① 参见列斐伏尔《空间与政治》，上海人民出版社2015年版。

的理论来涵盖前者。不过以理论为旨归来解读都市空间，就会显得有些乏味，并且言不尽意。都市文化理论研究是暧昧的，说其暧昧并非就理论而言，而是现实都市空间的魅力，总是在理论难以言传之处。

许苗苗所描述和理解的空间，一开始就是社会空间，或者说是“第三空间”，在北京这样的大都市生活，又适逢这样一个高速发展的年代，她的感性经验是和北京空间的扩展共同生长的。空间的生产背后是权力、是资本、是欲望，这一切又和历史传统交织在一起，但是作者看到的是演变过程，因此，如果用某种统一的理论来读解这座城市，可能会适得其反。面对这一挑战，许苗苗关于都市空间的研究基本是阐释性的，用她自己的说法，是“文化理论与城市研究的融合”为本书的写作提供了思路。

在这本书里，北京空间的魅力源自丰富的细节、异质化的内涵及其在作者情感中的烙印。虽然空间研究不可耽于感性，我们也能看出作者试图跳出北京空间演变的具体过程，对其进行理性思辨和批判的努力，但不容否认，其行文依然建筑于她们这一代人的个人经历和情感细节之上。个人经历赋予其个性化视角，情感细节则使文章细腻耐读。本书虽然与常见的客观冷静的规范性研究论著不同，却也自成一体，别具一格。

本书中所涉及的北京空间，无论是前门、王府井、什刹海等传统著名地标，还是法源寺、各类会馆等新近媒体热点，都不是原来意义上的景点和历史建筑，而是现代工业和消费社会生产的都市新空间。北京城的空间有某种历史封闭性，这是传统社会和旧政治格局所造就的，但是这一封闭性格局为现代化建设所打破，城墙被铲平、道路被拓宽，一幢幢簇新的高楼拔地而起。这样由各类建筑相互交错、穿插、切割的空间，包围了人们的视野，然而某些历史建筑和残迹，特别是历史记忆，依然深藏在人们的心底。在《前门：城市纪念碑的生成与消亡》《什刹海：京城贵地的时尚变迁》等篇目中，许苗苗从相对平静的20世纪八九十年代的北京图景入手，联络今夕，试图唤醒这种历史记忆。而从《王府井：都市景观生产》《波德里亚的消费理论与烟袋斜街的消费实践》两文中则能看出本土化消费市场在实践中建立了主体性，其对东方主义观望予以回望，对消费文化理论予以发展。都市空间的含蕴很大程度上源于文学作品和大众传媒的阐释和塑造，许苗苗通过对法源寺、湖广会馆、部分写字楼空间的分析，探索了媒体在空间文化意义生成中的作用。另外，书中有关写字楼对都市秩序的影响、宗教空间在当代都市中的功用、国外空间理论、中国传统“风水说”对当今都市建筑的影响等篇目，也可谓“脑洞大开”，对都市空间文化研究很有启发性。

作为一名生活在北京的浙江人，我虽然眷恋江南的钟灵毓秀，但也不得不承认北京的魅力。它的魅力正源自其庞大无比又细致入微，臃肿迟缓又变化万千的丰富性。对于都市文化研究者来说，这种丰富性是最富挑战的。它一方面孕育着无数个引人入胜、值得深入的话题；另一方面也应许各种理论的解读和推进。许苗苗此书将文化理论与都市现象阐释相结合的写法，可谓找到了一种恰当的途径。

北京当代空间文化是一个富有挑战性的话题，也是一个值得深入、拓宽并进一步挖掘的领域。作为服务北京文化发展的学术研究兼政策咨询机构，首都师范大学文化研究院对推进北京都市文化研究负有不容推脱的责任。但受个人兴趣和精力所限，我目前较少关注北京空间。所幸诸多年轻学者感觉敏锐、思路活泼，往往能够探及诸多都市里以往不曾察觉的细微之处。我很高兴看到这一代年轻人的成长和学术成果的积累。虽然目前许苗苗等年轻学人涉及的并不是宏大话题，也较少触及公共事务领域，在理论应用上也能看出探索和尝试的痕迹，但他们持之以恒地努力着，其进步和成果是显而易见的，在研究对象和角度方面也成功填补了北京文化研究中诸多空白领域。

是为序。

陶东风

2016 年 2 月 16 日

前　言

城市，特别是那些世界知名的超级大都市，是人类文明最集中也最多彩的展示场所。数百年前，画家描摹着百年不变的田园，词人吟唱着“雕栏玉砌应犹在，只是朱颜改”。而如今，驻颜有术的你还来不及对比护肤品的成效，竟发现那曾经熟悉的城市景观都已转换了新颜。空间变了，时间短了，如今的记忆已经无法延续从前。特别是从印刷文化过渡到网络文化之际，许多先知一样敏感的学者描摹了当代都市的变化给人们带来的不适应。麦克卢汉预言地球将内爆成为小小村落，鲍德里亚看到人类社会被仿象填满，詹明信直白地指称当代都市类似“精神错乱”，大卫·哈维则把这种感受概括为时空压缩。

面对混乱失序的当代大都市，迂回跨界、左右逢源的文化分析施展起了拳脚。它阐释一切形式背后的意味，把理论研究中一度致力于抽离的感性添加回现象之中，使纷繁芜杂的现象呈现出含蕴无限的趣味。这也正是疏于理论又热爱都市的我尝试涉足文化研究的原因。

北京太大了。从传说中刘伯温设计的“八臂哪吒”，到旧时童谣里的“四九城”，一直不过是二环里巴掌大的一片。想当年，“300”路汽车贯通三环线，人们纷纷感叹它把“北太平庄”“公主坟”“大北窑”之类遥远的名词写上了普通的公交站牌。可没多久，足有“100”公里的五环就“哗”地一下子进入了日常作息。紧接着，六环边的房子也可以考虑了，上班族通勤线路延伸到了河北燕郊，甚至，连北京市政府都要迁往通州了！这还能叫北京吗？是的，也必须是。每天，无数人正是为了“北京”这个概念穿行整个城市。北京空间越来越大，“北京”这个词也越来越大。而在我的视野中，空间研究特别是有关北京空间的研究，却被这座迅速膨胀的城市远远甩在身后。因此，我试图进入都市文化和城市空间的研究领域。四年前我曾重点关注“写字楼”空间，如今，我希望将目光拓展到更大的城市领域。

一　理论资源的汲取

对城市空间及其人文意蕴的解读是本书理论定位的依据，在这方面进行开创性研究的首推德国籍犹太哲学家西美尔。他生前在学界备受冷落，但所幸家庭环境富足，使他有条件体验大都市生活的各种细节。他的都市研究充满感性，不仅对货币哲学、流行现象等发表过见解，还将社会环境与个体经验紧密结合，认为正是具有综合功能的大都市孕育了都市人的精神生活，并培养出特有的都会性格。比他晚将近半个世纪的另一位德国籍犹太人本雅明命途更加多舛。生于纳粹时代的他不得不流落异乡，却在落魄于巴黎之际得以细致观察拱廊街，并进行了有关建筑形式对城市人群行为和心理影响的记录，其思考所得成为后来城市空间研究者不可忽视的参考。以上两者的空间研究都以随笔形式出现，虽然只是一些思想碎片，却为后学者提供了无穷的宝藏。法国哲学家列斐伏尔对资本主义社会依据权力需求任意设计、命名、使用空间的行为加以揭露和批判，开启了现代空间文化批判研究之路。美国城市理论家凯文·林奇以“城市意象”将建筑形式与社会学、心理学结合，通过对街道上人流的观察以及人们对建筑解读方式的了解，分析了建筑元素赋予城市人文意象并为人类带来心理安慰的途径。法国哲学家福柯对空间的研究着眼于权力与社会习俗的博弈角度，他将那种能够挣脱日常秩序的反常态空间称作“异托邦”。

在城市空间日渐受到关注之际，城市文化研究也日益兴起。美国城市理论家芒福德曾追溯当代城市形态及文化特征的历史渊源，认为城市不应是孤立的概念，城市建设应当考虑到社会和人文环境，强调规划和设计的重要性。而在美国一片轰轰烈烈的造城运动中，简·雅各布斯（Jane Jacobs）则提出了反思，她开始追究美国城市弊病的根源，批判了围绕功能规划超级大城市理念，提倡城市应当回归自然发展的有机生态。更晚近的城市理论家们不再持鲜明的观点，而是将目光投向城市中更加具体的细节。例如曾被与雅各布斯相比较的另一位美国女学者朱克英（Sharon Zukin），她认为文化已成为城市政治的一部分，通过对城市中经济、文化、娱乐、饮食、住宿等现象的分析探讨了城市文化的生产和再现过程。由比利时根特大学英语系和城建系两位教授发起的根特城市研究小组（GUST）也从具体细节着手，在分析城市空间景观、社区实例的基础上，对当代大都市空间结构进行了从案例到理论的整合。

文化研究的一大优势就是兼容并包、跨界联合，文化理论与城市研究的融合为本书提供了研究思路。具体表现在这样几个方面。首先是消费社会理论对城市文化研究的影响：自鲍德里亚提出消费社会理论后，费瑟斯通以消费文化解读了诸多都市文化现象，朱克英则从商店格局对购物活动的影响入手剖析了购物空间对城市的控制。其次是后现代理论对都市空间的涉足：詹明信通过对“鸿运大饭店”建筑风格及功能的描述提出了后现代都市中的“超级空间”，即建筑成为后现代集约化都市的缩影，利用先进技术吞噬了自然节奏，试图对人类生活进行总括型的主宰。大卫·哈维认为理解后现代社会状况的手段之一就是关注时间和空间体验的转变。苏贾（Edward. W. Soja）受列斐伏尔启发，认为文化观念在对空间的认识中起重要作用，他列举出影响20世纪晚期“新都市化进程”的代表性话语类型，以分析后现代文化语境中的“后大都市”。最后是基于城市现象的文化研究：理泽（George Ritzer）以“麦当劳社会”的隐喻性说法揭示出程序性、模式化、菜单化等当代社会组织形式的影响；加拿大的汉涅根（John Hannigan）在研究社会结构和后现代图景之后，着眼于娱乐经济，认为当前已经出现了围绕主题化和虚拟繁荣设计的梦幻之城；英国的布里曼（Alan Bryman）教授与理泽思路相近，他以迪士尼主题公园隐喻企业管理和组织文化受到模式化影响。还有一些城市社会研究的交叉成果也不容忽略。例如哈贝马斯强调公共领域的建立、转型与经济、政治、媒体的关系；梅罗维茨（Joshua Meyrowitz）从电子媒介对社会行为的影响角度提供了有关媒介与城市文化关系的新思路；尤瑞（John Urry）通过对比人们旅游中的视角变化分析了不同社会群体和身份认知城市的方式；桑内特（Richard Sennett）从人类感官经验的控制与剥夺角度重新撰写城市史；李欧梵从文学作品分析入手，重现了都市文化在现代上海的建构过程。中国本土学者所翻译、编辑、撰写的相关成果为不仅为我提供了理论资源、写作参考，更提供了内心的归属感，让我有了学习的目标，满心希望进入他们的队伍里。本书前期理论准备过程中，主要从本土化的空间城市理论探索、上海城市文化研究、北京城市文化研究三个方面获得参考。

包亚明对列斐伏尔、苏贾等人成果的梳理和述评及其主编的“都市与文化译丛”是了解国外城市文化和空间研究成果的主要参考资料。汪民安回顾了西方历史上对空间的解读，阐明空间概念的发展过程，认为空间概念将不断变化以应对电子媒介对时空的压缩，他主编的《城市文化读本》更是收集了城市文化研究领域最具有代表性的篇章。许纪霖、罗岗、王晓渔等在对西方城市研究理论深入思考并批评的基础上，讨论了全球化、现代性等观念对都市形象的塑造，对都市空间与知识群体的社会关系进行了研究。孙逊主编的都市文化研究丛书收录了近年来有关都市文化的新成果，姜近等编的近代中国城市与大众文化书系则试图从大众文化角度来重新建构中国近现代史。

在中国城市中，有关上海的文化研究不仅传统悠久，且成果最为丰富。当代研究者从不同角度出发，观察并记述着这座城市的各个侧面。如包亚明认为酒吧为当代上海生活提供了通往全球化文化想象的途径，讨论了消费主义在当代中国城市文化生活建构中的作用。罗岗、许纪霖则对上海多元文化传统的断裂、延续与转型过程进行关注。杨剑龙、宋钻友、邱培成等分别从文学、地缘政治、商业形态、大众媒体等侧面对上海文化、都市社会结构、消费情况等进行研究。

北京城市文化研究虽不及上海活跃，但近年来颇多重磅之作。陶东风致力于在西方文化研究方法与中国社会现实之间建立起联系，坚持知识分子的社会使命感，针对当前中国文化现象进行系列批评，并对北京城市文化发展和建设提出了直接且尖锐的建议。陈平原通过对现代北京城市生活、娱乐、社交等各个侧面的还原与想象，探索其从封建都城向现代城市转变的文化历程。其主编的“都市想象与文化记忆”丛书发布了城市文化相关成果，其门下一众弟子不仅关注北京，还兼及西安、开封以及湖南等大城市历史文化。王军以记者身份进入城市文化领域，其《城记》分析了“梁陈方案”及后来北京城市规划中涉及的政治、思想、学术论争，在调研北京及周边城市古建筑的基础上讨论了北京城市发展模式以及古迹保护等问题。王一川等通过当作京味小说案例分析，从文学与媒介的角度重新审视文学与城市的相生关系。台湾洪长泰在研究北京空间改造的过程中，从城市地标的转换切入，将重点放在城市建筑对于政权和政权形象塑造的作用上。

都市文化领域吸引了众多研究者。在国外，都市文化研究活跃，产生了不少交叉学科的成果。我国已经进行了大量译介展示国外理论动态，众多论丛显示出国内研究的繁荣。国内城市文化研究领域也逐渐得到重视，以国内城市为对象的成果为从不同角度推进城市文化研究提供了有价值的参考。遗憾的是，专注于北京的相对较少，现有成果与北京的文化地位尚不匹配，存在进一步提升的空间。表现出的主要问题首先是对北京城市研究细节不足。存在以政治替代文化，以国家覆盖城市，将北京等同于中国的问题。由于首都的特殊政治地位，许多研究忽略了北京的城市特色，无视北京作为城市的发展脉络和独特文化、民俗。仅将目光投向国族命运，帝王、士林及政治运动，忽略了日常和平民生活。使得北京研究过于宏大，缺乏细节。其次是缺乏当代对象。对比中国城市文化研究，国外多半集中在后现代观念对城市的影响上，而国内则多半将目光投向现代观念诞生、形成的20世纪初。对文化史、思想史的研究有现实意义，但20世纪80年代以后中国城市的发展更加迅速，也形成了当前中国城市的面貌，不应对这一阶段的城市弃置不顾。从国内研究现状来说，对空间的关注有待加强。目前已有研究成果中对影院、舞厅、梨园等娱乐空间关注较多，也有一些有关消费场所或公共文化空间的研究，但缺乏对那些已经融入人们日常生活或是被一波波城市改造湮没的历史文化空间的聚焦。从研究方法来说，则带有文学学科的遗留特征，倾向于从文本入手。都市文化本身不是固定的文本，而是变化的对象，需要体验、参与、田野调查和民族志的考察方式。另外，虽然政治经济学在文化研究中依然占有一席之地，但实际研究中很少能从社会经济角度出发考察中国当代都市状况。

因此，在我的研究过程中，拟将空间置于主体地位，选择与市民生活高度相关的当代都市新空间，讨论历史文化记忆与空间的融合在都市文化构成中的积极作用。本书从文化理论出发，对与都市空间有关的文化现象进行批判，在田野调查、数据量化等方面难免不足。在面向现实的当代都市空间进行理论思考的同时，一些当前空间中存在的问题也难以避免地进入了研究者的视野，因此，本书最后一部分尝试提出对策，并附上了有关荷花市场、烟袋斜街、什刹海、西海等地区的田野调查和原始采访记录。

二 空间节点的选择

这一部分试图将本书构思和酝酿的过程勾勒出来，澄清思路，同时也算是弥补正文中缺乏一以贯之的理论脉络的尝试。在本书的写作中基本遵循着以下几个步骤：

首先，对当代北京都市空间的现状和类型进行概述。北京空间大体可分为：功能遮蔽的空间。例如景观空间：即已成为公园、收取门票、向游客开放的空间。虽然时常被提起，但这类空间的意义在于展示，是一种旅游文化的元素，符号意义大于空间本身。日常空间：融入市民生活，承担各项日常功能的空间。人们对其过于熟悉、注重功能的使用，缺乏对空间本身的认识。被忽略的空间：指有一定历史文化背景，却由于挪作他用而被忽略或不为公众所知的空间。传媒制造的空间：主要指由大众媒体制造出的消费、休闲、娱乐概念以及与此相关的商场、影院、休闲娱乐场所。它们由时尚媒体发掘并推荐，以某种主题将空间与时尚理念进行整合，赋予文化特性。人们对其认识和解读多半受时尚媒体引导。依附历史民俗的空间：部分新建或重修的历史遗迹中，存在伪造传说或夸大历史，使之失去韵味的情况。它们有与历史民俗融合的意图，却并未得到公众认可，被视作虚构历史甚至欺骗，造成不良的公众印象。生成当代文化的空间：指原本仅作为城市功能区或生活区，却在实际使用中产生了独特文化意蕴的空间。如新兴经济区，金融街、CBD、亦庄等，它们原本是单纯的经济区域，却由于新颖的设计、合理的布局和其间人群的表率作用成为新的都市地标和风景，其都市文化意义超出了使用功能。艺术聚集区也属于此类，艺术家居住群落在发展壮大后，转变为能够带动区域产业及附属经济的文化产业区域。本段的划分方式多半基于个人感受，难免有错漏或重复的层面。

其次，选择北京部分有特色的代表性空间为案例，在实地调研的基础上，结合文化理论进行分析。关注那些被忽略、被遮蔽、被误解的空间，或是那些已深度融入当代都市生活，成为都市文化一部分的空间。从人们感知和认识空间的角度，分析空间诉诸视觉、想象、记忆等方面的特性，了解人们对其认知的过程，包括空间规划理念和公众印象，二者是否相符合，符合或不符合的原因等。对空间特性进行剖析，分清楚哪些是构成北京都市文化不可或缺的部分，哪些能够成为北京空间的代表性形象，这些空间在城市意象构成中发挥着什么样的作用。在案例分析的过程中，将消费理论、媒介理论、身体理论、青年亚文化理论等与北京空间实际相结合。

最后，追究北京都市空间的问题和根源，探索对当代都市具有普遍性意义的思路。此过程需要考虑在城市发展中，如何有效整合当代空间与历史文化资源，使之和谐共处这个普遍问题。此问题的存在也为城市研究、空间研究的联手协作提供了契机。需要认识到，作为城市的北京负载了太多意义，它是代表国家形象的政治中心，又是商业总部云集的经济中心，同时也必须积极与世界其他大城市保持交流和同步，其历史、文化地位频频被提及。多样的功能和宽泛的定位，求大、求全和未能一以贯之的城市发展思路使得当前北京面目模糊。同时，北京虽然拥有诸多特色空间，但缺乏整体性。新建城市空间难以与周边环境以及历史文化背景融合。总体形象杂乱无章，细节众多，却难以形成鲜明印象。在对问题发掘的过程中，意识到空间文化是逐渐生成的，如果没有历史记忆，容易变成时尚。而建筑不具备时尚潮流的易变性，所以不应该让建筑成为时尚，任何一个建筑都应该扎根于文化土壤和历史记忆。当代都市必然有许多新的空间诞生，但在规划和建筑过程中，应结合文化和空间环境，不应凭空而降。

本书的主要研究对象基于以上考虑，本书研究对象集中在前门、什刹海、烟袋斜街、王府井、法源寺、金融街、CBD以及教堂、会馆、写字楼等。它们都是当代都市的新空间，有的沿袭了历史名称、利用着历史记忆；

有的则生产都市景观，刷新当代经验，为都市文化制造意义。具体如下：

前门大栅栏与记忆续接：大栅栏于 2007 年左右改造，之前街区狭窄混乱，建筑密集，无法通行机动车，存在火灾隐患，但众多廉价摊点和特色老字号却凝结了公众关于北京繁荣商业生态的记忆。改造后，该地区宽敞整洁，不仅保留了原有老字号，还试图引入国际时尚品牌，却并不为公众认可。研究着重发掘旧空间魅力的来源，并试图追问翻新改造后人气衰落的原因，探讨应对方式。

什刹海、烟袋斜街与消费社会：什刹海地区的酒吧、店铺因其带有的展示功能成为旅游参观的一部分。这一地区特别是烟袋斜街在 2008 年奥运会之前也经历翻修和改造，从居民日常生活与店铺混杂共生转变为统一面貌的商业步行街。2006—2008 年间笔者在此进行过田野调查，此部分拟接续前期工作并结合近几年发展继续深入，特别注重北京本土发展经验对自鲍德里亚以来的消费理论的修正与超越。

无法虚拟化的王府井：王府井不是一口井，而是以此命名的商业街。随着消费业态的改变，网络购物的冲击，实体百货商场日渐衰落。但王府井尚能维持庞大的人员流量，主要在于其街区印象的构成：它将“王府”和“教堂”等历史文化因素结合，还不时举办节庆仪式、艺术文化展览等。这些互联网无法替代的亲历体验是实体商业应对新媒体的有力武器。

真实与叙述中的法源寺：法源寺是北京市内最古老的寺庙，原本应该香火旺盛、人员川流不息。但这所寺庙的名声与其历史却并不匹配，直到 2000 年以后，文化名人李敖的《北京法源寺》一书出版，才为广大民众所认识。即便如此，公众对它的印象也大多停留在文字叙述而非实际空间上。本部分探讨大众传媒在何种程度上塑造空间的文化形象，以及传播手段对人们空间印象的影响。

金融街、火神庙和威斯敏斯特大教堂，神圣空间的日常化：神圣空间诉诸宗教信仰，看似与当代都市世俗生活互不相干，但通过对神圣空间利用情况、发展脉络的追溯和探索可知，它们在坚持作为精神信仰仪式发生地的同时，不断受到日常生活的干预和影响，其自身也在调整，消解与日常生活的距离。因而，神圣空间不再是孤独而封闭的领地，而在积极参与日常生活的过程中与之共同构建富有特色的都市文化。

会馆、符码化历史和想象的共同体：历史上的会馆原本是同乡帮扶的组织，而如今的会馆在地域色彩逐渐消失的当代大都市里则有着不同的作用。它重构了基于同乡概念的温情想象，虽然实际功能是纯商业性的，但在都市众多陌生人之间所起到的联系纽带的功用却不容小觑。

写字楼与都市隐性秩序：写字楼是当代大都市不可或缺的建筑景观，它的设计理念、空间布局等，看似多从科学实用的角度出发，其实却是人文理念与建筑空间综合作用的结果。写字楼以特异的外形和对空间权力的占有、支配，更新了人们对传统建筑的观念，成为独特的人文景观。写字楼空间含蕴丰富，既是开放的，又有一套独特排他的空间语汇。对写字楼的命名以及内部空间的分配布置体现着权力的变革。

在北京这个千年古迹与时尚地标并存，现代空间与历史风貌共生的都市里，多元、异质的样貌使它成为都市空间文化研究的合适对象。北京拥有丰厚的传承优势，在诸多新空间拔地而起的同时，如何使新老交汇，使全球化与地方化有机融合，是一个迫切且有价值的问题。都市空间文化的形成受多方因素影响，关注当代北京，应在发掘城市真实经验的基础上加强与媒介、人文地理等专业研究的融合。当前的北京虽然仍处于现代化进程中，但其都市空间却呈现出杂糅、异质的后现代状况。由于大众文化理论的影响，许多功能性空间都被赋予新的文化意义，并由此发展出了新的都市空间文化。北京空间并不缺乏设计和投入，但空间文化的形成却不一定遵循某种既定的主题思路，而是一个生长、发展的有机过程，牵涉因素众多。应加强人文地理、建筑学和都市文化研究的融合，共同探索空间文化的构成和影响因素。同时，北京虽然拥有诸多传承而来的优势，但当前都市空间面临的不仅仅是继承、发扬，还应探索新文化的形成和发展路径。最后，文化理论对于认识和研究都市空间状况有参考价值，并已有许多成功的案例。关注当代北京都市空间应借用已有的文化理论思路，并着力发掘真实的北京经验。

北京特色资源与都市空间形象之间互为支撑和有益补充，在关注当代北京空间整体样貌的基础上，选择有代表性的、与北京历史和文化结合紧密或是已构成当代北京地标的空间为对象，在文化研究视野下，分析空间诉诸视觉、想象、记忆等方面的特性，考察新空间创造性利用地方历史记忆，融入城市文化整体语境，形成特色空间文化的过程。以文化理论为途径，结合北京都市空间诞生和发展中的问题和不足进行研究，探索解决问题的思路。由于当代都市经验与大众传媒密不可分，因此，在田野调查、走访之外，报刊、网站等大众媒体对空间的报道是本书资料的重要来源。部分文章直接从大众传播角度切入，以媒体针对北京都市空间所做的专题为对象，分析其报道的方式、角度、逻辑、动机和目标，探索媒体参与塑造都市空间文化的方式及其对于都市空间文化的影响。

做当代都市文化研究，多半是热爱都市生活并乐于投身其中的。因此，我不自量力地将目光投向北京那些我熟悉的空间。打开正文就会发现，本书中所选的空间对象是分散且比较零散的，但我却一以贯之地对这些空间抱有研究热情和期待。在理论层面，我期望能够进一步充实都市文化领域的研究成果，弥补当前国内都市研究中对空间案例研究的不足；推进文化理论与当代中国城市现状的结合。希望本书的出版对众多历史资源丰富又需要面临现代化和全球化挑战的国际大都市具有普遍性意义。发现空间与历史文化的相互作用方式，探索富有北京魅力的特色都市文化，增添北京空间的文化魅力。在实践层面，我期望能够发现都市空间与都市文化的相互作用方式，为建设北京特色都市文化提供借鉴；充分挖掘、利用结合北京特色文化资源的都市空间，提升城市形象，打造城市品牌；同时，也能够进一步弘扬北京特色文化，彰显地方优势。

因此，尽管已有诸多前辈众学者的研究成果珠玉在前，我依然幻想能站在巨人的肩膀上更进一步，以个性化的关注点和新鲜的视野丰富当代中国都市文化研究成果。当然，发现问题、指出问题不难，但涉足当代都市空间这一多变又复杂的领域，还妄图厘清现象，把自己的思索编织进当代北京都市研究进程，其实只是个人小小的梦想。不过，相信通过努力实践，总能为都市空间研究添加几个小小的注脚吧。

新空间和历史记忆

前门：城市纪念碑的生成与消亡

前门不仅指城门楼这一建筑实体，也包括周边的居民生活空间。它的形象曾出现在北京城古老传说、旧京文人典故及平民影视剧中，并与香烟、大碗茶等百姓生活细节相联系。与天安门、紫禁城等北京标志性建筑不同，前门的政治色彩相对薄弱，是一个文化、民俗的标志，可以看作普通民众集体记忆中文化乡愁的落脚点。经过时间的历练，前门具象的实体性逐渐褪去，作为平民的城市纪念碑的性质则慢慢凸显出来在民族记忆中的文化价值日益增加。然而，这种纪念碑性质却几乎在新的城区改造中消亡。那些与平民记忆相关的细节被从这个区域抽离，取而代之的是架空历史的规划成果。神秘的台湾会馆限制参观，脱离了百姓氛围；热闹的刘老根大舞台以东北农民智慧挑战着北京的士人文化；堂皇的天街更是虚置时空，暴露出历史文化根脉的断裂。漂浮的新前门形象不确定、不真实，这座城市纪念碑面临消亡的窘境。

前门不仅是一座以建筑形象存在的老城门，更是一个包蕴着听觉、视觉和综合感知的对象。鳞次栉比的小铺和露天摊，此起彼伏的吆喝叫卖，扰攘相接的招牌幌子……听觉的嘈杂、视觉的凌乱、感受的拥挤，构成了这里的日常景观。

自清朝开始，前门的热闹扰攘就从来没有断过。向前翻看历史，前门修建于明永乐年间，初名丽正门，清改称正阳门。明北京城墙共九座城门，正阳门俗称“前门”，与民间称作“后门”的“地安门”分别据守中轴线南北两端，地位十分重要。明末清军占领北京后，强令原本居住在内城的汉人迁至位于左安门、永定门、右安门到崇文门、前门、宣武门之间的外城。大批移民带动了区域的兴旺，连接内外城的前门更成为非常繁华的所在。再向后延伸到新千年，前门在城市区域之外更透露出老北京韵味和旧京华风致。这里涌动着形形色色的传奇，充塞着各个阶层、各怀目的的平凡人。

正是这种琐碎与庸常，使前门日渐焕发出纪念碑般的色彩。作为城市纪念碑的前门属于城市平民，它在传说、典故、日常生活和游子回望中生成，由一个个细节沉淀成集体的记忆，由一枚枚具象勾勒出乡愁的剪影。它一度披挂着近现代的风霜，镌刻着传统和民俗，每个人都能从中发现触动自己内心柔软处的回忆。作为城市纪念碑的前门与城市的成长变迁休戚相关。然而，在近年来大兴土木的飞跃式新城区改造中，笼罩其上的纪念碑韵味却逐渐丧失。神秘的台湾会馆的目光胶着高端人群，热闹的刘老根大舞台高声嘈杂着与京味文化格格不入的东北二人转，堂皇的天街更是营造出一个虚置的时空，暴露出历史文化根脉的断裂——在焕然一新的新前门，再也找不到与个体相连的记忆，取而代之的，是一片仿佛从天而降的幻景。

一　纪念碑的生成：前门从建筑到意象

如果天安门、故宫是最高权力的象征，那么前门则是那柔顺的，像荒草一般被践踏着、匍匐着，但依然坚持生存繁衍的芸芸众生。老北京民谚有“前门楼子九丈九，四门三桥五牌楼”的说法，但百姓口中的“前门”，却并不单指正阳门楼——特别是新中国成立之后，有辉煌的天安门在北方遥对，正阳门的朴素青灰很难形成特别清晰的印象。所谓“前门”是一个区域，它包括城楼外的前门大街，街两侧的大商店、小胡同，还包括大栅栏、煤市胡同、鲜鱼口，甚至天桥一带。这片区域，正是数百年来京味市民文化的原点。

在前门，可以看到最生动的北京民俗。这里既是交通要道，又是商业中心，还有娱乐场所，百货公司、大饭店、戏园子、澡堂子、照相馆，新旧交接，无奇不有。连有关北京城的传说都少不了前门，据说，北京城由刘伯温按照“八臂哪吒”形象建造，前门是哪吒的头颅，两旁的门是哪吒的耳朵[①]。不仅如此，这片区域在北京文化的发展中曾发挥过实际功效。康熙年间，撰写《日下旧闻》的朱彝尊就住在前门外海波胡同（今海柏胡同）[②]，其著作的许多段落都在“天桥酒楼”上起稿。作为第一部系统研究整理北京地理民俗的文献，《日下旧闻》不仅记录了宫室、皇城、官署，还包括城市、风俗、物产等，成为后人研究老北京风貌的重要资料。这部官家史传之外的城市文献，相当于民俗学、社会学的记录。可见，朱彝尊在前门开始有关北京总体文献的整理并非偶然：这满目的人群、充耳的市声，演绎着体制之外的、最活络的北京平民生活，身处其中正类似实践着一场田野调查。

清朝政局稳定时，前门作为内外城、满汉交汇之处而人气兴旺；而在民初动荡的岁月里，这里打破了森严的等级界限，上演着一幕幕人间悲喜剧，其间的颠沛与欣然，被现代文人的笔墨记录了下来。因此，连现代文学史中都会不时邂逅前门：它不仅孕育了许多文学作品，还与文化生活夹缠，从中可以窥得文人所思所感、交际爱好。民国八年(1919）六月五日，周作人在《前门遇马队记》中记述了作家出前门购物时遭遇马队，与一众路人吓得仓皇逃窜、斯文扫地的情景。既愤慨于当权者对民众的践踏，又反思人在暴虐面前自尊荡然无存的窘迫——一半讽刺、一半自嘲。张恨水《啼笑因缘》的故事也来自前门。据张友鸾回忆，1925年的一天，记者门觉夫请他和张恨水去前门外四海升平杂耍馆听大鼓艺人高翠兰演唱，可之后没几天，就听说高

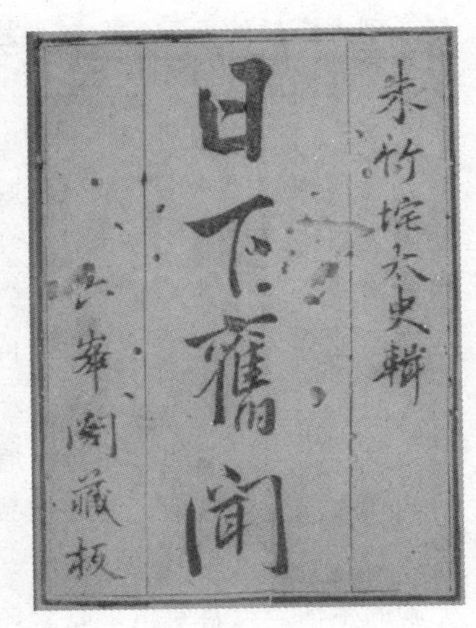

图1　日下旧闻

① 参见陈学霖《刘伯温与哪吒城——北京建城的传说》，生活·读书·新知三联书店2008年版。

② 李金龙：《皇城古道北京前门大街》，解放军文艺出版社2000年版，第282页。

翠兰被军阀抢去做妾。张恨水由此构思了这部刻画前门艺人命运悲喜剧的小说。1930年，张恨水手头宽绰，买下了前门外大栅栏12号一处闹中取静，“足资歌哭于斯”[①] 的庭院，言辞间提及颇有得色，可见其对前门的眷恋。老舍笔下也少不了前门：《骆驼祥子》里，祥子婚后躲着虎妞出来，“由毛家湾而西四而宣武门，往南往东再往南到天桥”，这一路逐渐热闹起来，确实是散心的线路。舒乙统计过老舍笔下的北京地名，像天桥、正阳门、前门五牌楼等地点，以及煤市街和鲜鱼口的戏园、大栅栏西街的青云阁、香厂路的城南游艺园、天桥的新世界游艺园、廊房头条的光容像馆、八大胡同等前门一带的热闹场所，无不被老舍的笔触及[②]。鲁迅住在绍兴会馆时也常去前门附近消磨时光。他通常从绍兴会馆出发，逛完琉璃厂，走杨梅竹斜街一路东行，到大栅栏的青云阁会友品茗，然后从前门出去再向东，到不远处的东升平浴池洗澡后返家。在1912—1922年的鲁迅日记中，类似的路线记述达34次之多[③]。前门不仅风雅、卑微、动荡，也洋溢着青春激情，杨沫《青春之歌》里写到“12・16”学生示威游行时，林道静所在的北大队伍就是在过了前门大栅栏之后遇上东北大学、北平大学、师范大学和弘达中学的游行大队。当然，现代文人笔下的前门多半只是一语带过，并不构成作品情节不可或缺的部分，作为文学史料的价值大于对作品本身的参与。

前门周边生活虽然方便，却十分凌乱，它是亲切而平民化的，是疏离政治斗争和宏大议题的、相对琐屑的民间生活，这在与前门相关的事物，如廉价的“大前门”香烟、消暑佳品“大碗茶”之上体现得特别清楚。

始自民国五年（1916）的“大前门”香烟陪伴无数普通人打发着辛劳而无聊的生活。近百年世事跌宕，曾与之齐名的“老刀”“大英”“三炮台”等已然湮没，“大前门”却即将迎来百年诞辰。曾以“大人物吸‘大前门’落落大方”为广告语的“大前门”，属于中低档乙级烟，很难与“大人物”联系，尤其是在品牌更新换代频繁的今天，它的风光更早已不再。但这款香烟

① 刘东黎：《张恨水：我与北京的“啼笑因缘”》，载《北京人文地理图志：北京的红尘旧梦》，人民文学出版社2009年版，第146页。

② 舒乙：《谈老舍著作与北京城》，载《文史哲》1982年第2期。

③ 《青云阁：展示老北京韵味的风采》，载《北京日报》2009年12月27日。

就像众多的老百姓一样：命运平庸不是问题，寿数长久才是关键。存在就是意义，它长久的存在见证了岁月的绵延。更有意思的是，“大前门”香烟最初由英美烟草公司在上海推出，后来又由青岛、天津和上海共同生产。除品牌之外，从始至终完全与北京没有半点关系，但吸“大前门”，就是在烟雾升腾中与都城神会。

与老百姓更亲近的大碗茶廉价又解暑，它在前门这个流动人口多且消费水平不高的地方特别受欢迎。20 世纪 90 年代，一曲《前门情思大碗茶》以海外游子追忆童年的视角将大碗茶与前门楼子、窝头、咸菜、杏仁豆腐、冰糖葫芦、蛐蛐儿等并列，歌词中洋溢着胡同味儿，使大碗茶与老北京恰当地融合。歌曲运用戏曲的唱腔和配器，听起来京韵十足。说到大碗茶，“世上的饮料有千百种，也许它最廉价，可谁知道它醇厚的香味儿，直传到天涯”的演绎，着意突出其家常和平民化，以细小事物将抽象的“京味儿”具象化，为思乡情结找到依托，让漂泊游子获得了依傍。

前门意象到了“卷烟”和“大碗茶”阶段，才以物的形式独立出来：一个突出历时的长久和记忆价值，一个渲染海外华人回首故国的情结，二者都强调与前门之间不可调和的距离，同时也都具有新旧交接和延续的特点。便宜的卷烟、廉价的茶水，在前门唾手可得，所以特别有亲切感。

图 2　大前门

正是由于其民间气息与政治权力的距离，在影视剧作品中，“老百姓”成为与前门交织的元素。电视连续剧《前门楼子九丈九》以“前门楼子九丈九，九条胡同九棵柳”的儿歌贯穿全剧，用民间“有钱能买下前门楼子”的说法展开故事；《大栅栏》讲述老商业街上民间经营者的智慧和动荡时局中小民生涯的苦乐挣扎；《正阳门下》虽将目光投向了改革开放前后，但聚焦的依然是社会底层的小市民。北京话、膀爷、八大胡同里的凄惨与卑下、风光不再的八旗子弟、与大宅门相对的大杂院、拉洋车的、收破烂的……一系列京味文化意象以及底层民众的形象在荧屏中反复强调着前门在民生中的重要地位。

在参与构建区域现代文化形象、渗透民众日常生活、成为影视剧情节主题的过程中，具象的建筑前门慢慢退却，呈现出一种纪念性质。通过对平民化特点的不断强调，这片区域逐渐从背景走向台前，从庸常变成精品，从不值得单独书写的琐屑细节演变为当代人、海外游子对传统文化、历史事件、皇城遗事想象中不可或缺的元素。这个过程既来自时间流逝为集体记忆笼罩上的光环，也来自一种乡愁和归属感的刻意营造。

众所周知，中国当代史上曾经有过一段试图和传统划清界限的决绝，但过后平静反思之余，人们复归传统、寻找历史根基和文化脉络、重新在传统中自我定位的思潮又再度兴起。在北京的历史建筑中，前门以与紫禁城截然不同的地位，以与政治事件保持距离的身份，以亲近民生的姿态存在着。它所代表的历史，是关乎平民命运的，是一种民众的历史，虽在政权中心，但前门的政治色彩相对薄弱，映照着大时代中小个体的悲欢。它是一个文化语汇而非政治语汇，因此，对前门形象的认识比较容易在海内外各界华人圈里达成共识，适合作为集体记忆中文化乡愁的落脚点。

前门与封建王朝、贵族文化的没落相关，也与中国近代史相关，所以它能够勾起人们的向往；前门与北京文化相关，也与北京命运相关，所以它容易令人唏嘘嗟叹；前门与普通民众相关，也与民间趣味相关，所以它特别使人亲近。把有关北京的近现代忧思，把人们心底莫名的乡愁，由一个抽象的概念，变成具体的事物，这是前门的能量。这种具象的乡愁，来自前门与老北京百姓生活的融合，反映的是京味文化中平民的、世俗的那一部分。因为它平庸、不显贵，所以才能渗入普遍大众的记忆，能够唤起孩子、老人等小人物的认同和归属感。在当代华人对中国的顾盼中，中国近代史是伴随着紫禁城、大鼓书、糖葫芦，以京腔京韵娓娓道来的。前门在近现代的波折和动荡、北京的美丽与哀愁中，出落成这座城市的纪念碑。

二　纪念碑的消亡：前门从实在到漂浮

即便是封建王朝覆灭、新中国诞生这样翻天覆地的变化，也未曾给前门带来太大变动。它太卑微，太具体，只关乎生活日用，在政权变革、时事更替的年代，前门的勃勃生机没有减弱，越是物质贫乏、生活窘迫，越多民间自发的谋生路子被发掘出来。到了20世纪90年代以后，经济逐渐活跃，北京外来人口增加，前门一带的小胡同、大杂院交通便利、生活成本低，又守着活跃的商区，更吸引了三教九流。那些早先萌芽的私人小本生意有如星火燎原，一下子旺盛了起来。前门人口密度极高，人们驻扎在此处，施展全身解数，以灵活的头脑和手段谋求发展。共同将前门营造成一个孕育生机的活体。但兴旺的同时，经年累月积攒下来的问题也日益暴露：假冒伪劣充斥，胡同狭窄混乱、房舍私搭乱建、火灾隐患威胁，那些曾令前门引以为豪、精益求精的传统老字号更遭遇廉价地摊货的驱逐……1999年，作家李金龙记录下了当时的前门景象：亿兆百货商店只剩下窄窄的一间小门脸儿；老店黑猴儿变成扬州洗浴按摩；久负盛名的致美斋被瓜分：左为桑拿中心，中间高悬旅馆牌子，右为只剩一间门面的四川小馆；从明代延传至今的六必居挂上了旅店的招牌，近三分之二的铺面卖起了杂货[①]……这是经济转型期的真实前门，一脸的焦躁不安、六神无主，对它的改造也多次被提上日程。

北京申奥成功后即开始了整体修缮，对前门大街及其周边的改造工程也作为其中重点在2006年左右展开，虽然进度不慢，可直至2013年，因施工而流失的人气却始终没有恢复。这种衰落，不在于建筑的倒下——这些建筑对于普通人的意义并不如想象中重要；也不在于以仿古购物中心替代了老字号——那些老字号的文化味在改造之前就已寥寥无几。最重要的

---

① 李金龙:《皇城古道北京前门大街》,解放军文艺出版社2000年版,第343—344页。

图 3 凌乱的前门

是，前门已经不再是人们心目中那个前门了。早先，使前门具有亲切感和纪念性质的，是它与民生的息息相关，与民间使用的具体事物之间千丝万缕的勾连；而如今，使前门陌生、疏离、为人冷落的，则是细节的缺失、印象的漂浮——改造翻修后的崭新前门，余下的是现代性设计和规划的主观意图，却看不到接地气的民间生态。城市分为软硬两个层面，分别指建筑环境、物质结构，以及人们对城市的感知定式[①]。对于前门这样为人所熟知的历史区域，人们的期待一方面来自书本中已然逝去的宏大历史，一方面也夹杂着情感经历和私人细节。这种期待虽然言人人殊，但具有一定的总体性，表现为集体记忆中的文化乡愁，构成前门的纪念碑性质。遗憾的是，在前门改造工程中，重点在硬件工程的维修和复古上，忽略了软性形象的鲜明、统一。

人们对前门印象的转变是一种综合感受，但不妨撷取几个区域片段，管窥其纪念碑性质消退的原因和表现。

台湾会馆是新前门区域的重点建筑之一。由于清代六部排列在天安门到前门之间的道路两侧，进京办事、赶考的人要在附近落脚，前门外自然成为会馆云集之地。《都门纪略》收录的 391 处北京会馆中，位于前门周边的就

---

① 参见迪尔《后现代都市状况》，李小科等译，上海教育出版社 2004 年版，第 203 页。

有 76 处[①]，坐落在大蒋家胡同（现大江胡同）的全台会馆是其中很不起眼的一个，1949 年以后更成了居民大杂院。1993 年，全台会馆重张更名为台湾会馆，2009 年得到修缮扩建，吞并了旁边的云间会馆和饭店，面积陡然增加了近十倍。会馆建筑结合了北方四合院的围合式院落和岭南建筑的高大形制，意在南北兼顾。然而，其以过高的岭南房屋充当北方封闭的合院围墙，深灰色墙体没有向外的窗户，给背后狭小的胡同和低矮的房舍造成强烈压迫感。前门改造意在赓续传统，修复会馆，然而，将那小小的全台会馆改造为庞大堂皇的台湾会馆却颇耐人寻味。这座会馆位于天安门、正阳门的东南，与我国台湾岛和大陆的位置相似，对它的态度和定位，突出了政策、资金的选择性扶植。在显赫的台湾会馆身上，帆船造型的仿古建筑将政治姿态和统战色彩包装起来，放置于模拟历史的环境中，不露痕迹地提示了两岸的渊源。会馆主要任务是商务接洽和文化交流，需要相对私密的环境，不能任意参观，其对台湾民俗、文化的宣传展览只是附加功能。所以，这座会馆每周仅开放一天，其半公开的性质将大部分游客拦阻在外。而前门是公众游览区，在前门这个原本最主张平等和多样化的空间里，台湾会馆这样一组关门闭户、不完全开放的建筑群，等于设置出了一个庞大而不友好的特权禁区。台湾会馆本身的政治意图远远大于使用功能和交流性质，与前门这片定位平民的区域相去甚远。

图 4　台湾会馆

① 张惠岐、罗保平：《北京地方志：前门大栅栏》，北京出版社 2006 年版，第 63 页。

台湾会馆隔壁更抢眼的是一座披红戴绿、张灯结彩的“大花轿”——十二个红彤彤的大字“过大年、赶大集、吃大席、唱大戏”赫然立于其上，周边墙上雕刻着“窗户纸糊在外”“草坯房子篱笆寨”“大姑娘叼烟袋”等东北民俗，对联写的则是“谈情说爱费脑筋，吃饱肚子才能行”的大白话。这一团花红柳绿、令人捧腹的建筑，就是刘老根大舞台。不少人认为，它可以称为如今前门最大的败笔，在形制和氛围上都与周边极不协调。

图5　刘老根大舞台

刘老根大舞台的突兀并不在艺术形式的雅俗。前门紧邻天桥，本是民俗曲艺最集中的地方，虽有阳春白雪，更多下里巴人，并不排斥民间艺术。刘老根大舞台的不协调主要在于它对前门这个“北京”民俗中心的入侵。伴随赵本山春晚小品和系列电视剧的热播，那种以东北话为标志，认同谋生智慧、俚俗趣味和通俗浅白的农民娱乐文化风靡全国。而老北京所崇尚的是一种源于皇城和学府的封建士人文化。即便是普通市民，也津津乐道于一些需要背景知识和品鉴能力的“雅趣”，可以说与东北风的农民文化是两种风格。如今，京味演艺事业处于弱势，曾经茶楼戏园云集的前门地区只剩下正乙祠、广德楼、前门影戏馆等寥寥几所老戏楼，在诸多传统文化爱好者的奔走呼吁和地方大力扶植下勉力维持。在这种局面下，要重建老北京文化场，特别需要鲜明的本土文化氛围。虽然历史上的前门并不保守，但开放的前提是自身有底气、够强势，成为强大的文化主流。而现在的前门，尚缺乏包容的能力。喧宾夺主的刘老根大舞台在前门造成东北文化进军北京文化的对峙态势，有违恢复北京地域民俗文化氛围的初衷，破坏了前门整体印象的完整和统一。

有"天街"之称的前门大街是区域改造的核心项目。作为北京中轴线的开端，其端方开阔的规划呈现出皇城独有的壮美，而这种"壮美"的秩序，更曾得到建筑大师梁思成的赞叹。按照规划，对前门大街的改造以保存、恢复为主，但推土机一响就不可抗拒，大片四合院倒下，原住民、原生态经济清理殆尽，新的"天街"充分显示了时尚建筑师的复古想象：道路两侧挺立着青砖灰瓦的民初建筑，八十余个京城老字号亮出面貌整齐的黑底金字招牌，路灯上装饰鸟笼，胡同口架起牌楼，街中央来回行驶着叮当作响的有轨电车……老前门的魅力来源于朴素的街巷、原生态的商业，以及居民、游客经年累月的行走痕迹。改造恢复了天街之名，把它设计成"步行街"，却并非为行走设计——天街应当称为电车街，正中是专为电车铺设的轨道，它有意隐瞒了街道的实用功能，突出它的景观性：一方面强调天街的皇家背景，一方面提醒人们封建时代的贵族与工业时代初期的有轨电车一样都已经过时。可以想象，当游人脚踏整齐的条石，背倚复古的商场，在铁轨两边围观那庞大而昂贵的玩具车在街中穿行时，心中是怎样一种不真实：他们配合着环境，在假装的古代前门，坐假装的交通工具，假装游览，假装购物……轨道阻断了步行街横穿斜插的自由，所以连街道也成了假装的！难怪街两侧那些老字号在获得了诸多扶植之后依然难以维系，纷纷退出——在这种虚置背景、人为构建意义的环境中，主张货真价实的老字号也显得那么装腔作势。这个割裂时空的仿古前门，让人联想到颐和园古装买卖街或是涿州影视城，以现代化主题公园的景观替代真实生活经验，虚置京味历史的根基，打断传统文化的脉络，将原本最值得自傲的资本弃之不顾。

台湾会馆的政治内涵，刘老根大舞台的文化入侵，天街的人造景观策略……各种话语铺陈并置，哪一个都不容小觑，共同拼凑出众声喧哗、互不容让的新前门。借改造之机，相互争夺的每一股力量都试图壮大，而此前那个集体记忆中已经达成共识的，延续着传统、凝聚着乡愁的前门却在不停辗转跳跃的主题场景中被碾碎。城市纪念碑上那一块块真切可感的砖石被抽离，只留下一个抽象的意念，凌驾于仿佛凭空而降的簇新空间。建筑虽然复古，记忆却断裂了，实实在在的前门显得漂浮不定。

在北京，每一个地方都有历史，可它并不是一座因循守旧的都市。这里看得到CBD的高楼大厦，也容得下798的个性张扬，它们将过往掩埋在崭新的建筑群下，却并未招致非议。这些新空间的设计和形成甚至已成新北京的骄傲。然而，为什么人们偏偏接受不了前门的改造？空间丰富的含蕴既是前门的资本，也可以看作障碍。这片空间的魅力在于其多样性和兴旺的人气。这种人气不是房舍、街道等硬环境堆砌的，而是来源于兼容并包的民俗历史文化软环境。前门不是景观化的公园，也不是单一功能的商务区，它承载着生活，也面对游客观赏，还有休闲娱乐购物饮食等各种作用，与城市生活夹缠融合。这样的前门，并非现代社会快捷整齐的规划所能建构。

当代人总希望以现代思维方式对城市进行"规划"，而如何在尊重地区文化本身的同时合理规划，却自始至终是一个需要面对的问题。精心堆砌的建筑和刻意设计的道路与繁荣的城市文化无关。城市魅力由生活其中的人共同塑造，人们生活的过程就是文化之源。在霍华德、柯布西耶等现代城市设计师的影响下，统一、整齐、简洁、便利成为现代城市的标准形象。这些"花园城市"或"光辉城市"建筑在一片空白上，突出功能性和快捷性，有悦目的景色和宜居的特质，却缺乏历史根源和文化根基，并不适合移植到八百年古都的老北京。北京前门与《美国大城市的死与生》作者雅各布斯所崇尚的那种有生命力和人情味的老街区[①]相类，对它的更新改造要顺应其生长肌理。如果粗暴简单地推倒、翻新、重建，结果就是历史文化传统的断裂，是城市形象与市民期待的错位，是人气的荒芜。前门开在北京城墙上，城墙隔断内外，划出了城市的界限，勾勒出城市的形象。这个界限是否会在不断规划、改造中变得含混？气质独特的城市文化会不会随着更新而沦为平庸？如何在物质淘汰后使历史文化与当代发展相接续？这是如今面对前门一类古老城区改造重建最需要考虑的。

前门象征着民间创造力，它顽强的生命不会轻易覆灭，总是春风吹又

---

① 参见雅各布斯《美国大城市的死与生》，金衡山译，译林出版社2006年版。

生。但它的生命力来源于自然，如果受到的关注和干预过多，即使善意地拔苗助长也将适得其反。前门是活的，虽有城门、箭楼、大栅栏牌坊之类年深日久的标志，但它并不是保护在展柜里的化石，而是沾染着尘世烟火气的生命体。前门之于北京，是一座活的纪念碑，生长、改变、衰败……它在生长中不断记录，在衰败后谋求复兴，将这座城市的每一代荣华、每一次风霜、每一缕喘息烙印其上。

王府井:都市景观生产

王府井的景观不仅承担交通任务，具备消费功能，还拥有独特的文化意义。景观置换了本土和异域：商业街设立之初，王府井是外国人窥探大清的窗口，同时也为中国人提供了打量异域的渠道。景观弥合了历史和当代：不同版本的水井传说折射出解读历史方式的转变，买卖街的重建则利用复古元素消解历史背后的时间感，使之顺利融入当下消费时代主题。景观具有生产性：它制造浪漫、节庆和闲暇，为庸常的生活和习见的行为赋予不同的意义。王府井在对异域文化的容纳和化用中实践了反拨，在迎接网络媒体虚拟经验冲击的过程中突出了实体经验的不可替代性，它是构成北京都市文化的重要部分。

在都市文化建构中，空间景观占有重要地位。它们带有功能性和目的性，即便是留白部分也含义丰富，显示出与烂漫的自然空间迥异的特质。正是这种特质，使都市空间成为“文化”的一部分，进入雷蒙·威廉斯所说“与物质的生产体系相关而非对立的表意或象征的体系”[①]。都市空间不仅本身负有文化特质，同时还必须具备强大的文化生产能力。都市密集的媒体曝光度对空间构成极大的考验。对于那些内涵单一的空间来说，媒体图片、解读和网络虚拟经验的替代是致命的，而那些自身带有生产能力的空间则不同，能够借助大众媒体进行空间意义再次生产和多元建构。王府井

---

① Williams, Raymond, Keyword: A Vocabulary of Culture and Society. New York: Oxford UP. 1983: 91.

就是这样，一方面带有历史感，一方面占据中心地位，庞大的人流赋予它源源不断的文化生产能力。王府井的趣味埋藏在庞大的人流和言人人殊的谜团中，越曝光越神秘，越解读越丰富。它是具备媒介魅力的场所，在媒介的视角下更加耐看。“媒介内容提供了集体记忆，媒介的生产和分配受到‘每天、每周、每季、时间的历史性循环’等限制的影响，进而影响到读者对意义的获取。”[①] 在社交媒体的签到、点赞和分享中，在诸多游客的参与、品评和传说中，有关王府井的集体经验超越固定的时空，源源不断地产出新的意义。

1998 年，北京市政当局决定将车水马龙的王府井大街改为只允许步行，自此，这条闻名遐迩的商业街开始了作为都市消费文化景观迎接国内外游客的新历程。比起老北京东四、西单、鼓楼、前门等传统商区，王府井只是后生晚辈，它商业的繁荣尚不足百年。元大都规划时，王府井主要是衙门官署所在地，担负着行政大道的职能，所以才如此长而宽阔。这种开阔无形中符合了现代城市需求，以至于八百余年来街道制式没有太大变化。这里的商业自晚清起步，发展却很快，尤其是 20 世纪 30 年代以后，更是异军突起，一路飞奔，很快就洋行林立、银肆遍布，“以独树一帜的特点扬名九城。其特点可以概括为：全（商品、服务项目，应有尽有）、新（经营种类、作风、设施、组织等较传统商业更为新潮，且多具欧化色彩）、高（高消费型服务、高档次商品颇占比重）、雅（文化内容，始终为其重要组成）。”[②] 凭此四点，王府井在清代末年已蔚成规模。如今的王府井，经历了一个世纪风雨的历练，愈发显得风华正茂：那楼面上巨幅的广告西文闪烁，街两侧庞大的橱窗里摆满东方珍玩；肤色混杂的俊男靓女熙来攘往，以成长于不同文化背景的目光浏览着这曾令马可·波罗惊叹不已的东方都城里的物质奇观。

王府井的景，是时空交织的综合体。

---

① McQuail, Denisk: Mass Communication Theory, New York: sage, 2000, 486.

② 北京市东城区地方志编纂委员会：《北京市东城区志》，北京出版社 2005 年版，第 4 页。

一　王府井：被制造为消费景观的历史

对于古老城市来说，“井”的重要性不言而喻，老北京旧地名里常见“苦水井”“甜水井”“高井”“双井”，也不乏“高亮赶水”“玉泉背水”之类的传说习俗。1998年王府井大街改造过程中发掘出了古“王府井”遗迹，于是依旧址保护修缮，使之成为王府井大街的一个景点，“修复后的王府井以樱花红大理石铺设井台图案，井口覆盖圆形铸铜浮雕，以明清时常见的盘龙形象围成圆圈，圈中是此井历史的说明”[①]。据光绪十一年《京师坊巷志稿》记载，当时北京内外城共有1258口井，“绝大多数是苦水井，做饭不香，洗衣服不干净，洗头发黏手，甜水井是稀缺资源，故名声特别响亮，王府与井并称，这就标明了街道首尾的标志性建筑，根据清代地图，此井为该街唯一的一眼井”[②]。

王府井的“井”不是简单的水井，而是重要的景观，借对它的修复展示此地的悠久历史和文化内涵。人们参观、玩赏、留念，从此刻的风景出发，思接千载、纵贯古今，品味传说和书本中重构地区历史的方式。

在有关王府井的历史中，最引人好奇的是几个不同版本的“王府井”身世传说：

> “蜈蚣井”：话说明朝大兴土木修建北京城，惹恼了一条孽龙，它吸光了城中的甜水，从此内城基本全是苦水井。一次，一个老头儿在王府大街的茶摊上喝茶，边喝边抱怨水质苦涩，掌柜的不服气回了一句：“有本事您自己打口甜水井!”谁知，这爱唠叨的老头虽然不起眼，却是一位神仙，他从怀中掏出一只蜈蚣念了几句，那虫儿便遁入地下，顷刻之间钻出了一口水质甘甜的“蜈蚣井”。因位置临近王府大街，又称王府井。

---

① 孙志民：《凝固的风景线——王府井大街的雕塑及匾额》，载北京市东城区政协文史资料委员会、北京市王府井地区建设管理办公室编《今日王府井》，文物出版社2001年版，第55页。

② 北京市东城区地方志编纂委员会：《北京市东城区志》，北京出版社2005年版，第4页。

图 1 王府井的井

“机智守井人”：有一年大旱，全城水井枯干，王府里的井却依然涓涓不绝。守井老头儿好心私放百姓打水，王爷得知将要怪罪时，却被老头以“井水换民心”的机智说辞打动。王府井从此开放取水，造福一方百姓。

在这两则传说里，前一则诉诸迷信：让人受苦的是孽龙，助人打井的是化为蜈蚣的善龙——以具象化的善恶对立解释自然现象，是典型的民间故事思路。面对自然，人类无能为力，只能扮演见证神话、传播神迹的角色。后一则推崇底层人民的生存智慧：对立者是天灾（干旱）、人祸（王爷），拯救者是看门老头——拥有联系贵族和民间的中介身份。他一方面是劳动人民，能体会民间疾苦；另一方面能接近上层，并敢于为百姓代言。

而在《王府井大街》一书中，有关王府井的传说还有一个“王爷霸占”的变体：井的由来基本与“蜈蚣井”相似，但由于蜈蚣井水清甜又临近王府，王爷起了贪念，把井圈进王府独自享用——这口井因此成了地道的王府井，门前的大街也成了王府井大街①。故事前半部分恶龙吸水、善龙（蜈蚣）

① 孙伦振、李洁如编著：《王府井大街》，北京燕山出版社 1991 年版，第 4 页。

打井，是自然界力量相互制衡、稳定的表现；而后半部分以王爷的人为恶行打破了“天”的平衡，王爷的暴虐与孽龙相类。这个霸占水井的王爷明显比“守井人”里的吝啬王爷更恶劣。

那么，“霸占水井”的故事有没有真实依据，历史上该地区是否出现过王府将公共水井强行圈占的事件呢？《北京地名志》对王府井名称的由来有所记载：“唐高宗封罗艺为燕王，总管幽州，在此建有燕王府。明代兴建紫禁城时，不少达官贵人在此修建王府。《明成祖实录》载，这里被称为十王府、王府街。那时候的北京，老百姓打不起井，一般的井打出的水都是苦涩的。而在王府街西侧，有一口远近闻名的优质甜水井，使得‘王府’与‘井’结合起来而产生了新的地名——王府井。”[①] 姜纬堂更曾考证：明代《酌中志》中已提及“十王府街”井，其历史相当悠久，并非清朝出现。结合清《乾隆京城全图》、民国《实测北京内外城地图》可见，使王府井街得名的井“突出街心，影响交通”[②]。既然王府不会修在主干道中央，这口井也就不可能被圈入王府后院。又从《明代北京城复原图》《唐土名胜图会》中“正蓝旗居址”[③] 可见，王府处于大街东侧，旁边街道规整，自元代以来制式基本未变。所以这口“王府井”也不可能是先在王府中，后因街道走向变化而处于街心的。

从传说的不同版本可以看出，人们最初解释自然现象中的灾难和灾难的自我修复，带有浓浓的神话色彩，后来逐渐将灾难的根源转移到社会等级冲突之上。叙述态度从逆来顺受转为对权力的揶揄，最后转变为带有煽动性的阶级仇恨控诉。王府井命运传说的演变折射出人们写历史、看历史态度的转变。

观赏过古井，不妨再顺王府井大街走一遭，体验老北京之旅。先看路两边那几组怀旧雕塑：“三弦”女艺人引吭高歌，老琴师怡然自得；“剃头”挑子上手巾把儿冒着热气，宾主神态怡然地打着辫子；“拉洋车”的祥子空着座儿，让人忍不住想上去坐坐……旧京民俗活灵活现的仿制品把古代人生

① 参见多田贞一《北京地名志》，张紫晨译，书目文献出版社 1986 年版。

② 姜纬堂：《七百年来王府井》，载中国人民政治协商会议北京市委员会文史资料委员会编《王府井》，北京出版社 1993 年版，第 11 页。

③ 朱启钤：《王府井大街之今昔》，载《王府井》，北京出版社 1993 年版，第 36—44 页附图。

活、娱乐中的细节点滴带到眼前。历史上,王府井的繁华很大程度得益于老东安市场,“那里原本是明代一座王府,清初封给吴三桂,改称‘平西王府’,‘三藩之乱’后,王府改成神机营的操场。清初内城为八旗驻扎,不允许汉人居住,一直少有买卖,但末期东交民巷使馆区已成国中之国,清政府禁令事实上已经失效。1903年,经善耆、那桐奏请,慈禧批准,废弃已久的神机营操场被迫开放给游商,一举打破了老城区原有的宁静,由于顾客密集,距离适宜,各国商号也来此街经营,王府井商业街迅速走向繁荣”①。如今,东安市场地下重开“老北京一条街”,带领人们一脚迈进民国街市:眼前是诸多熟悉而又遥远的老字号:六必居、稻香村、盛锡福、马聚源、戴月轩、瀚文斋等,还有那透着亲切感的糖葫芦、驴打滚儿、景泰蓝、风筝、空竹、泥娃娃……热闹的吆喝叫卖声把顾客们带回了《东安市景图》中百年前的兴隆旺盛。

图2 王府井的景

王府井大街上的景观是历史延传的佐证,它们极力彰显着与旧时代的联系。然而,在1965—1978年,这种联系却一度被视为落后、反动甚至耻辱,是需要被革命和被抛弃的。那时,北京找不到有数百年历史的王府井大街,只有一条面貌一新的“人民路”。街道改名,店铺们也无一幸免,一大批老

① 转引自《王府井是谁家的井?》,载《北京晨报》2012年1月4日。

字号改头换面，与过往划清界限：“亨得利”变成“首都钟表店”，“美白理发馆”变成“人民理发馆”，“盛锡福”改名“红旗帽店”，“同陞和”改名“长征鞋店”，摇曳多姿的“新巴黎”变成豪气干云的“新世界”，而经营海派西服的“雷蒙”则由于挥不去的四旧气息而闭店，全部职工并入北京人民服装厂……

“文革”结束后，老字号才重新被回忆起来，陆续恢复，一些与店铺有关的历史也逐渐被承认。但这种历史带有鲜明的选择性：“中国照相馆”摆出周总理的大幅标准像，“盛锡福”橱窗陈列着陈毅出访印度尼西亚时的金丝草帽，“雷蒙”宣传的不是西服，而是在天安门城楼上出镜的“毛式中山装”，而“四联美发”的名称本身就指向上海援建北京的岁月……一眼望去，这些“老字号”的辉煌仿佛全部集中在20世纪五六十年代。而这种临近中央领导的优势，对于众多“地方”来京的游客却无疑具有最大的说服力。被展出的店铺历史虽然有明显的集权色彩，却依然能起到很好的广告作用，激发地方游客强烈的购买欲。直到2000年以后，随着清宫戏风行，个别老字号才将类似阿哥帽、格格服、千层底的老汉鞋等历史更加久远的商品摆到了明处。

图3　中国照相馆和盛锡福

现如今，王府井大街已经领悟到了消费社会的精髓。它去掉了历史背后的时间感，使这里的过往显得格外平易近人。它不再拘泥于文化、等级、意识形态差异，而是将平凡街景变成令人津津乐道的传奇。它尽情运用一切可以吸引注意力、激发购买欲的元素，帮助人们打开时间隧道，将满清王爷的宠幸、封建贵族的遗风、革命领袖的简朴和海外友人的赞美一律铺开。这条街的过往和当下平行并置，一头延伸到传统的风俗趣味与历史风韵中，另一头则牵系着当下丰茂的物质文化与消费享乐。人们在这里的游览和购物轻易获得了亲近历史文化的纵深感。王府井街景中的过去和今天，在全国、全世界的游人面前，都不言自明、轻松惬意，它为当下提供了值得驻足流连的历史图景。

二　橱窗：观看异域的窗口

橱窗是消费社会最抢眼的语汇，从本雅明笔下巴黎的拱廊街，到奥黛丽·赫本《蒂凡尼的早餐》，橱窗都扮演着真实和虚幻的过渡角色。在橱窗里，琳琅满目的货物编织成一个闪烁着物质之美的梦，一切触手可及，但那层冷冰冰的玻璃，却不断提示着现实的僵硬与短缺。橱窗不仅是孤芳自赏的展示，更是循循善诱的说服，它以独特的陈列设置情景，使间断的小格局不再孤立，而是迅速与每个人以及整个消费体系建立起联系。橱窗还是意向性的，它代表着开放、沟通和自我调整。王府井商业街遍布橱窗，甚至，这条街本身也扮演了橱窗的角色：向外国人展示中国，向中国人展示外国，异域和本土在这里以消费之名交叠。

图 4　玻璃橱窗

最初的王府井商业街虽不如前门等老北京传统商区人流旺盛，却有鲜明的特色：它靠近东交民巷使馆区，外国顾客集中，是一条高档的涉外购物街，街景也与别处大为不同。这里给人印象最深的就是那透明的橱窗：亨得利表行门面“装有大玻璃橱窗，两扇玻璃推拉门。殿堂里四周为玻璃货架，当中设两个大玻璃柜，都带着北京少见的洋味”[①]。大华百货公司的橱窗尤其高大，上部砌浅黄色瓷砖，下部则是墨绿色瓷砖，“站在店外望去，似置身其内，琳琅满目的商品尽入眼帘。整个商店修饰得宛如一个‘玻璃世界’，与新奇的商品交相辉映”[②]。皇城根儿脚下的北京人不是没见过世面，但传统显贵豪富的奢华都围在高墙大院之内，老牌店铺若有奇货可居也讲究含而不露；王府井附近的店铺却截然不同：敞亮的橱窗花团锦簇，五彩的霓虹明灭闪烁，水晶宫般通透明亮的建筑物点亮了古都的夜色。当然，这种刺眼的光芒也难免有几分趾高气扬，令囊中羞涩的普通人低头却步。好在，玻璃橱窗是透明的，向大街敞开，不用进店那各式昂贵珍奇的货品也能让人饱个眼福。

王府井的橱窗不仅是炫耀，更是一种广告，同陞和就深谙此道：他们的店员经常在繁华场所“采风”，发现美观的新式鞋帽后立即绘图仿制，“不出三天就将新产品陈放在橱窗里，吸引顾客观赏、购买”[③]。广告意在沟通，这种沟通欲也体现在开敞的货架上，北京国货售品所绸布柜台一改当时流行的高台闭架的作风，率先开柜经营，顾客可在货架前随心所欲地选择、触摸、比量照镜[④]。后来的大华百货公司不仅继承了敞开的货架，还为特殊货物配上灯光布景的新式玻璃柜台。开放的风格甚至延续到了店员着装上，王府井许多有规模的店铺都会发放服装，与当时流行的旧式长袍不同，它们大多带着几分利落的洋味儿，利生体育更是配备了衬衫领带、西装短裤加长袜皮鞋的行头[⑤]。

当时的王府井就像一个双面通透的橱窗，一方面，让世界在此以购物的形式认识老北京；另一方面，那些精明的老商户也绝非全然被动，他们率先嗅到了异域之风吹来的消费社会气息，包容并引进了新鲜的技能、经营思路

---

① 王永斌：《亨得利表店的今昔》，载《王府井》，北京出版社1993年版，第270页。

② 赵宜之、崔小旺、潘怡：《富有经营特色的大华百货公司》，载《王府井》，北京出版社1993年版，第210页。

③ 韩文蔚：《久负盛名的同陞和鞋店》，载《王府井》，北京出版社1993年版，第290页。

④ 王继福、潘怡：《昔日闻名的中华百货售品所》，载《王府井》，北京出版社1993年版，第200页。

⑤ 怡然：《北京利生体育用品服务中心的变迁》，载《王府井》，北京出版社1993年版，第304页。

和媒体观念。由于常做外国人生意，王府井的店员很多都会外语，新巴黎丝绸店曾以高薪聘请能说俄语、英语和日语的售货员①，北京国货售品所也不乏学习过英语的练习生②。不仅如此，王府井还开始了进出口贸易探索，新巴黎在英国汇丰、日本正金、香港中国银行办理押汇业务，以缩短进口流程；盛锡福则在世界列强争相向旧中国倾销之时将中国草帽出口到二十多个国家。

交流与转变的愿望不仅体现在商店本身，也参与社会新闻的制造，并为民众引进了与以往不同的生活方式。主营欧美手表的亨得利就是通过与法国亨达利的官司极大地提高了声誉，将分店从上海开到了北京。1930 年王府井亨得利开业时，店方已然掌握了媒体的力量，不仅请来了北平社会头面人物和商界朋友，还特邀几位报社记者以扩大影响。而曾被清华大学校长蒋梦麟誉为“为爱神造弓矢”的结婚用品店紫房子，则是移风易俗、中西结合的产物。它所推崇的“文明婚礼”将我国民间婚俗与外国电影、上海留学归国人员的婚礼仪式结合，形式新奇简洁，特别受社会上层人士的认可。他们承办了当时北平最高领导人宋哲元女儿的婚礼，并在《世界日报》上大肆报道，堪称“软文”鼻祖③。

20 世纪初，《辛丑条约》使北京这座封闭自足的古老都城无奈地敞开胸怀。在王府井这个因临近使馆区而兴起的商街里，经营方式已悄然改变。以往人们习惯派伙计将好货优先送往交情深厚且有购买力的官贵宅邸。东西的出处和去向脉络清晰，寻常人不得一见。而新出现的商店街则不同，它面对的不再是有根基的旧家族，而是趁乱一下子涌进来的各地新贵。销售对象不再是那几个显贵的家族，察言观色也不一定能打探出别人的身家，因此，那将好东西全部铺开，迎接各方品鉴和艳羡的玻璃橱窗就成为恰当的时尚。橱窗将王府井变成一条展示性的街道，透着骄傲和凛然不可侵犯的气场。里面的东西通常并不实惠，也与衣食日用无关，从一开始就是面向高端的。而这

① 韩文蔚:《从“新巴黎”到“新世界”——记新世界丝绸店》，载《王府井》，北京出版社 1993 年版，第 316 页。

② 王继福、潘怡:《昔日闻名的中华百货售品所》，载《王府井》，北京出版社 1993 年版，第 202 页。

③ 韩文蔚:《开婚庆新风之先的紫房子》，载《王府井》，北京出版社 1993 年版，第 323 页。

种高端定位在无形中也成为一种自我保护和自我安慰：在战火频仍的20世纪初，原本稳定平衡、自给自足的物质供应系统已被打破，人们笼罩在因起义和战争带来的贫乏和不安全感中。橱窗里丰足物质的视觉冲击很好地抚慰着短缺造成的创伤。

作为皇城故道，王府井本应庄重典雅，闲人勿入，但它却在入侵者的铁骑下无奈地转向商业，它的繁荣时尚带有典型半封建半殖民地的畸形色彩。即便如此，王府井却并不被动，它的橱窗街景展现出文化的交汇和碰撞。它置换空间，一方面将老北京呈现给外国人，另一方面也“师夷长技”，打碎了天朝自大的梦想。它沟通阶层，透露了高墙大院里的秘密，让底层普通百姓得以一窥上流社会。自此，中国便与那个凭借封闭和区隔制造传说的封建社会渐行渐远。

三　喷泉、教堂：从日常生活到消费景观

一条街如何才能在消费社会中不负众望？它必须有气质，有韵味，它不能是单纯的买卖场所，而是风俗故旧、名流韵事、新奇景观的综合体。按照德波的说法，它应当就是社会的一部分，“是全部视觉和全部意识的焦点”[①]。王府井的街道景观占据了人们的视野，深度渗透当代生活，并具有强大的生产性。它生产着都市特有的浪漫爱情，也生产了新的节日和闲暇时光。

喷泉是城市广场常见的景观。但很长一段时间内，北京的“喷泉”只是节水节电的干涸水池，只有在天安门广场才能亲身体验水珠和着音乐跳舞的美好。然而，如今提到北京的音乐喷泉，大多数年轻人却定位到王府井东方广场。这要拜由豆瓣网小说改编为热门影视剧的《失恋33天》所赐。《失恋33天》讲述北京大龄女青年恋爱失败后自我疗伤，重获爱情的故事。它原本只是一个简单的网络中篇小说，却因改编电影收入超过四亿元而一举创造了票房神话。这部从网络红遍荧屏的作品中不乏都市男女青年真实生活痕迹

---

① 德波：《景观社会》，王昭风译，南京大学出版社2006年版，第3页。

和窘境中自嘲、自愈的乐观，但更重要的是，它普及了大都市中平凡人触手可及的时尚和浪漫。作品十分简单，却包含了丰富的都市特有的热点元素，如剩女、男闺蜜、婚庆公司、港台腔、奢侈品牌等，而其中失恋第23天的奇遇更令人印象深刻。那晚，女主角黄小仙和充当临时男友的钻石王老五魏依然共进晚餐后，要求他开车去王府井东方新天地——一个顶级奢侈品牌云集的商业街。魏依然于是认为看似文艺女青年的黄小仙其实骨子里和物质女青年一样：“吃完饭，顺手让男朋友买件衣服买个包，就当饭后甜点了。”然而，黄小仙却将他带到东方君悦酒店门前的平台上。平台中央是一个喷泉，转过身来，脚下是车灯汇成一片的长安街：

> 九点钟一到，喷水池蹭地窜出了水柱，水柱下面还有五颜六色的彩灯配合着交替闪烁，嵌在地面上的音箱，播放起了《乘着歌声的翅膀》。
>
> 我和魏依然身后是一片茫茫的水雾，小水珠蒙蒙地洒在我们的身上。
>
> 当年，我和他也和此刻一样，被突如其来的惊喜困在了一个小天地里。
>
> “看，你是不是也有种感觉，除了接吻，干别的实在是不应该?”

从来都在楼下埋头消费的钻石王老五不知道上面还有这么迷人的风景，他看着黄小仙，眼神不由专注了起来。一贯欣赏简单明了的物质女的他，似乎已经被讲究情调的文艺女触动……

小说中笔调诙谐简洁，寥寥数语完成了钻石王老五态度的转变，电影则利用大屏幕的优势充分彰显这一刻的浪漫：柔和的金色灯光、朦胧的七彩水雾、柔情款款的歌声中，穿着白裙的女孩隔着水雾望过来……在这里，王府井东方广场不再只是有钱人的高消费场所，它笼罩在纯情的爱的氛围中：无论有钱没钱，人人都能享受这免费的都市景观。虽然这种制造浪漫的景观本质上依然是一种物质支持，却由于免费开放而成就了仿佛能够超越物质的爱情童话。《失恋33天》上映后，有关“王府井音乐喷泉几点开”“《失恋33天》中喷泉具体位置”的问答在网上多了起来，还有城市媒体围绕喷泉开设“和北京相爱”的专题，将音乐喷泉、咖啡馆、老城墙并列，作为爱上北京的理由。

图5　喷泉边拥吻

王府井大街北段的天主教堂（东堂）也是制造浪漫的景观之一。东堂始建于清顺治、康熙年间，后多次遭到破坏和挪用，直到20世纪80年代才恢复宗教活动。2000年王府井大街改造中，东堂前兴建了一座小广场，这座天主教堂从而成为北京最好地段上的公共景观。对于众多不信教的普通民众来说，教堂广场的修建至关重要。它隔断了随意步行的人群，突出了建筑的异域风情和观赏性，使之成为绝佳的拍照取景地，进而变成京城流行的婚纱照外景地之一。天气好的时候，东堂广场上经常看到新娘新郎加摄影师的组合，白裙捧花与庄严教堂完美地将西式婚礼用图像移植到了中国。西洋的时尚度、宗教的神秘感、照片的纪念性和一生一世浪漫的誓言，满足了无数婚龄青年心中的浪漫想象。

"浪漫"本身太虚幻，像少女心思一样不知所云，但在王府井，投入多少钱就能把握住多少钱的浪漫：零投入者街头拥吻，低投入者自花童手中接过一枝玫瑰，高预算的可以步入国际知名的Tiffany选一颗闪亮钻石……这一切的配套，绝非寻常街道能够做到。

制造浪漫，更要制造能够享受浪漫的闲暇和节庆。啤酒节、国际品牌节、主题艺术庆典等在王府井轮番上演，每个节庆都有层出不穷的新意和亮点。在每年一届的啤酒节中，平日功能简单的步道被布置成开敞式啤酒花园。人们坐在室外鲜花绿叶簇拥的小空间里，杯中装满朝日、百威、科罗

图6　教堂婚纱照

娜，触目所及净是国际品牌和不同肤色的游客，比起国外的露天小酒馆毫不逊色。国际品牌节则不仅有慷慨的折扣、精彩的T台秀，还用演讲和论坛交流吸引潜在的贸易伙伴。主题活动和艺术展览也十分抢眼。美术、雕塑作品已属寻常，这里还可能邂逅集体快闪，无愧于“王府井公共艺术大道”的称号。在王府井过节特别过瘾：“光棍节”这里有相亲大会，情人节这里有接吻大赛，圣诞节这里甚至有人工降下的七彩雪花……这些节庆与寻常带有纪念性的民俗节庆不同，它们甚至是消解纪念、消融历史的，唯其如此，新节庆才可以随时制造、随时取消，不断翻新，变幻无穷。

王府井的喷泉代替了天安门的喷泉；啤酒节的庆典遮蔽了“七·一”“八·一”的月份。消费场所悄悄置换政治场所，离散化的休闲生活取代了向心性的传统生活。王府井的生活方式是精心设计、生产的，因而有比别处更多的巧妙细节，到处泛滥着购物的满足和闲暇的喜悦。在当代人的都市想象中，兢兢业业的衣食日用不叫生活，只有专卖店中昂贵的LOGO、超市海报上巨大的折扣、自拍照里低调的炫耀，才称得上生活。这一切关乎生活的想象，正是王府井大街制造的幻景。

当我们想象一座都市，总会有一些地点突出浮现，成为城市的标签。在当代都市里，如何才能不被忽略，成为有特色的标签，有效的标签；如何展示自我，才能在高度信息化、同质化的全球景观中留下深刻、鲜明的印象？北京的王府井似乎可以给出一些答案。

王府井无法摆脱全球化的节奏，却在对异域文化的容纳和化用中实践着反拨。

20世纪初的半封建半殖民地时期，王府井大街上的商业为迎合洋人便利而设。对于这座刚刚被撬开大门的神秘东方古都，外国人自然满是猎奇心理。依北京饭店老员工的回忆，曾有一个美国女人柏东（Button）摆摊卖她自己利用清朝蟒袍刺绣片子制作的手提包，图案是五光十色的仙鹤、孔雀、虎豹等，提环则是袍服腰带上的玉器零件。她将这些自制的小手工以及戏装、满族贵妇服饰等专门卖给西方游客，很快便由一个穷女人变成了富商[①]。柏东真可谓赛义德的先驱，她以商人的精明头脑和女性的敏感想象，发掘出了神秘"东方情调"的商品——那些奇巧、繁复、华丽又带有颓废色彩的手工艺品，完全是"东方主义"的具象诠释。但是，那些正以文明眼光观望中国的西方人没有意识到，尽管开放是被迫的，但中国也在巧妙地利用这个机会观望异域：炸猪排、煎鸡蛋等西餐在中国厨子眼中易如反掌；随兵船而来的红白葡萄酒换个标签倒进水晶杯就是一本万利的好买卖；西洋人看大褂旗袍落后臃肿，中国人则对着袒胸露背的洋帽纱裙指指点点。观望是双向的，国人以自己的价值观对外界进行理解和阐释。中国远非想象中那个蒙昧未开的奇观对象，虽然国力迅速衰微，但民间的文化体系和风俗习惯却比军队更加强大。因此，殖民者的文化侵略中遇到了本土文化的挑战。中国这套历史久远且完整的文化体系吞咽并改造着外来文化，普通国民抵御入侵的方式就是将西方人变成被观望的奇怪的他者。

新中国成立后，在国家意志的主导下，王府井开始了主动展示的历程，着意凸显社会主义国家与西方泾渭分明之处。王府井工艺美术大厦陈列和销售的虽然都是本土特色、濒危手工技艺，却同时具有筹备国家礼品、参加国际展览的功能。在国宾会面、国际博览的时机，旗帜鲜明、神态大方地将最富中国特色的产品选择出来，呈现给世界。北京王府井在海

① 邵宝元：《忆旧北京饭店》，载《王府井》，北京出版社1993年版，第65页。

外的名声一度带着猎物般的耻辱烙印，但如今，它的声名却被重新用以向世界展示中国的特色成就和价值观。无论是当年强迫性地开埠，还是如今大方地招商引资，外来者不论以何种目的进入中国，都免不了受到强大中华文化体系的包围、浸润、改造。王府井在商业和文化交流中逐渐透射出自身的光彩。

与众多实体店一样，王府井商业也无法逃避网络媒体的冲击，然而，它却能够将挑战化为机遇。在随心所欲的互联网上，无论是商品细部还是豪华场面，都可以被转换成图片、视频中随时可得的搜索目标。视觉媒体占据了当下，把握了真理，为现实赋权。未被媒体报道的事件就没发生过，同样，许多事件只在媒体上发生。在这里，避开熙来攘往的人群，随手拍几个街景，都是内容饱满又含蕴丰富的特色招牌。王府井无疑是媒体的宠儿，它以强烈的视觉刺激和鲜明的画面感占据着媒体版面。但王府井从未被媒体影像所替代，它不单纯是视觉性的。图像只是一个开始，随意将形形色色的游客、休闲者、购物者、市民纳入取景框，就能够展开一系列源源不断的话题。这些来来往往的穿行者共同将这里构建成一个大众的集市。他们演绎了景观的亲历性和实体性。他们抚摸街道上的雕塑，品评展板上的作品，挑选柜台中的货物，享受服务员的讲解……这些互动行为，都是网络游记或淘宝所不能获得的景观的亲历性和实体性使之具备大众媒体虚拟经验替代的能力。

作为都市空间的王府井拥有得天独厚的优势。在空间上，它地处北京市中心，始终是重大历史事件和权力争夺的焦点；在时间上，它与北京八百年连续建都史同龄。“如果说上海、广州、北京和其他数十座城市鳞次栉比的摩天大楼和新的房地产开发能够代表晚近现代化的话，中国城市传统的深厚根基也不可小觑。她有别于欧洲和美洲城市建设的历史传统可以追溯到4000年前，其延续性在这个地球上任何一个文明都无法与之媲美。”[①] 城市史家科特金在《世界城市史》中文版序中明确指出丰富悠久的历史资源是北

① 科特金：《中文版序》，《全球城市史》，王旭等译，社会科学文献出版社2010年版。

京都市空间独特的优势。在古老的北京，每一片空间都多少有一两件值得骄傲的往事。地处市中心、交通便利的王府井，其人文、历史资源更加丰富。在空间、时间和创造性生产过程的共同组建下，王府井可以被定位为人文意蕴的原点，动态地参与都市文化建构。在王府井的游历，就是菲斯克所谓“从我们的社会经验中获取意义，并且制造意义的连续过程”[①]。来往的人流跨越时空间隔，以不同的经历和趣味对景观取舍选择，使之呈现中西混杂的多元样貌，由此，王府井才得以摆脱“东方学”视野的预设，成长为一处强大而独立的都市景观。

---

① Fisk. John：Reading the Popular，Boston：Unwin and Hyman，1989：1.

法源寺：空间意义的再创造

法源寺是北京城内现存历史最悠久的寺庙，目前承担着佛学院和宗教博物馆功能，发挥着现实宗教空间的作用。李敖在小说《北京法源寺》里，虚构了一个与“戊戌变法”紧密相关的法源寺，赋予它家国大义的使命感和历史意义。在新的时代主题和媒体环境中，法源寺又显现出多重意义：“花会”“诗会”使它成为值得向往的时尚空间，博客游记使它成为藏匿珍宝的奇幻空间，微博签到使它成为获取认同的虚拟空间，城市消费媒体则将寺庙与饮食购物并置，使它成为充满物欲、解构戒律的享乐空间。人们乐于为空间赋予意义，特别是当代都市所稀缺的传统意义。有一定历史的空间成为当代都市对传统的一种想象性接续。空间意义在各类媒体的一次次描摹中逐渐形成并得到再创造。

数说北京寺庙，“法源寺”很难排进前几位。这座藏匿于内城的中型寺庙，在名胜众多、古刹林立的北京并不突出。但是，如果将“法源寺”与“北京”联系起来，虽然只是两个词语并置，却立刻显得不同：带有引号的“北京法源寺”是真实的建筑空间，书名号里的《北京法源寺》是小说里虚构的文化空间，加上网络识别码的“＃北京法源寺＃”则是网民们随手拍照、评点、上传的公众空间。在这一系列演变过程中，法源寺的不同层面被有选择地凸显、删改、修正，添加了不同的意义。

一　历史上的法源寺

法源寺始建于唐朝。贞观十九年（645），唐太宗李世民深悯东征阵亡的忠义将士，诏令在幽州立寺纪念，至武则天万岁通天元年（696）建成，初名“悯忠寺”。武宗会昌五年（845）下令毁削佛寺，幽燕八州的地界上，只留下这一座寺院[①]。自此，这座寺庙不仅成为古幽州的象征，它的历史也与忠君爱国、悼亡追思脱不开干系：北宋末年，宋钦宗被拘禁在此；元初，南宋遗臣、诗人谢枋得因受寺中曹娥碑气节触动，绝食而死；明末，袁崇焕遭剐刑，其家仆收尸后在此超度亡魂。

与许多古建筑一样，法源寺也未能逃脱火灾焚烧、地震坍塌等劫难，如今其七进六院的建筑格局基本上是明代形成的。1550年左右，明朝将北京向东北迁移并扩大规模，原本偏安一隅的悯忠寺被圈入城内。清雍正十二年（1734），该寺被定为律宗寺庙，传授戒法，并改称“法源寺”[②]。就这样，一千多年过去，朝代频繁更迭，宗教流派变迁，连偌大的北京城都免不了变换形态，只有这座寺庙，虽然频繁更名，地位也不够显赫，却未曾湮灭，始终立在那里。寺里收藏的《悯忠寺重藏舍利记》中有“大燕城内，地东南隅，有悯忠寺”一句，这自唐会昌六年（846）保留下来的记录，后来竟然成为史地学家推断唐代幽州城规模和大致格局的有力依据。

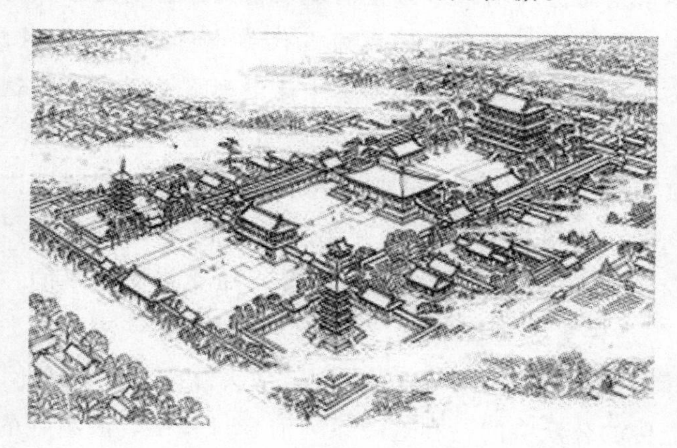

图1　法源寺历史图

① 缪荃孙辑：《顺天府志》，北京大学出版社1983年版，第10页。
② 潘荣陛编：《帝京岁时记胜》，北京出版社1961年版，第16页。

虽然位置不变，但法源寺的气质或文化意蕴却渐有不同。它曾经地处幽州城外偏僻一隅，周边荒冢累累，弥漫着阴郁气氛；如今却置身北京城区二环以内寸土寸金的中心位置，且承担着中国佛学院和佛教图书文物馆的功能。算起来，拥有一千四百年历史的法源寺竟已是北京城里最古老的寺院了。它地处内城，规模不大，但香火尚可。这里学僧众多，虽是清净的出家人，却洋溢着与别处寺庙不同的青春与明朗的气息。有时还可见一众年长游人围着一两个学僧提问。长者年龄的优势和对生活的参悟是他们提问的资本，而信仰的坚定和教义的熟稔则是学僧信心的来源。僧俗对答往还之间，法源寺从一个单纯孤立的宗教场所转换成了宗教与俗世接触沟通的所在。法源寺每天香烟缭绕、课业频繁，院落里时常可见安详聪慧的学僧侍佛诵经，其建筑也保有寺僧居住的自由随意性[①]，寺庙没有专门的花园，却在院内遍植绿植，殿堂掩映其中，更体现出有无相生的禅意。其空间虽然不如郊野佛寺开敞，但寺院里坦然摆放的日常佛具和生活用品，使宗教少了一些神秘肃穆，多了几分圆通柔和的生活气息。

法源寺并不破败，却也没有什么显赫声名。本来，宗教就离寻常人生活不近，它又藏身市中心隐秘处。虽然规模不小、建筑古雅，却被周边的小区包围得严严实实。即使是经常在其周边菜市口、牛街一带活动的人，也未必知晓或涉足过这里。卧佛寺、碧云寺，掩映在京西苍翠的山峦中，是踏青、消暑、赏红叶的绝佳去处；雍和宫则顶着北京最大藏传佛教寺院的头衔，坐拥六万余平方米与紫禁城近似形制的院落，气势恢宏、游人如织。对想要规避凡尘俗世的人来说，这里比不上潭柘寺的清净；对追求闲情雅趣的人来说，这里又没有大觉寺的玉兰、香茗和素斋。这里没有灵签、转世、舍利子之类令人眼前一亮的传奇宝物，甚至连座残破的古代宝塔都没有，最著名的建筑闵忠阁，也是新中国成立后重新修复的，算不上历史遗迹。法源寺没有这些亮眼的优势，它只能低调。

地理位置也是法源寺的短板。地处内城，确实不偏远，但北京内城改造过程中已经将另外几所著名寺院如白塔寺、天宁寺等周围的建筑拆除殆尽，

---

① 金秋野：《宗教空间北京城》，清华大学出版社2011年版，第160页。

使寺庙的院墙和碑塔直接摆在街边，甚至它们的庙名也同时是公交车站的站名，一切完全为交通的便利性安排，非常容易为人们所认识并到达。而法源寺，好像是要故意难为那些驾车造访的人：它被密密麻麻的小区和社区公园夹在中间，要找到还得经过一个停满车的单行道死胡同。技术不好的司机面对它门前的小路都得小心忖度、仔细思量。按照麦克卢汉“汽车是腿的延伸”的说法，深陷于小胡同迷魂阵中的法源寺等于用一团横七竖八的车和安居房混搭成的乱麻绊住了外人造访的腿脚。

在当代都市里，很多寺庙成为依附性产物，为某个历史典故重新粉刷贴金、招募僧侣，却看不到肃穆的积淀；还有些寺庙变成了景观项目，将焚香诵佛作为一种奇观性仪式展示在游客面前。这样的寺庙，号称宗教空间，实际却缺乏宗教信仰，匆忙地将精神形象附加在一堆临时由砖瓦搭建起来的空间上，难以遮蔽的虚假从飘着油漆味的簇新雕像上流溢出来。而法源寺却让人看到真实：它得到了一定的保护，却并没有太多的宣传；它有明确的功能定位，却是纯宗教的、专业性的，难为大众了解和喜爱；它不时操办悼亡法事，却多半隐晦不声张。作为佛学院，它担负着佛法的传承，作为佛教图书馆，它负有经典保藏的义务。功能明确的法源寺是鲜活的，专业性的法源寺是严谨的，青年学僧众多的法源寺是易于沟通的。它既没有因过于严肃的宗教气氛与日常生活划开界限，也没有在商业化的社会里失去神圣空间应有的矜持。在“槛外人”眼中，法源寺是举足轻重的，它是寺庙中的务实派，低调得顺理成章。

真实的法源寺并不出名，对于宗教空间来说，声名隆盛并不一定是好事。法源寺的建立源于死亡，它的历史也与死亡相关；但如今，它却是一座活着的寺院，有历史，有传承，有沟通，也有坚守，这种低调与坚持，正应当是寺庙作为神圣空间的持守，而声名，却往往来源于俗世。

二 小说里的法源寺

在我印象中，第一次听说法源寺，是在台湾作家李敖的小说中。《北京法源寺》是李敖 20 世纪 60 年代获刑入狱期间构思所得，以寺庙与一众忠义

图 2 学僧法事

之士的生死纠葛为线索，引出清末国族危急关头的一段真真假假、虚拟与写实并存的往事。它描述了从 1898 年到 1911 年辛亥革命前后，谭嗣同、康有为、梁启超、大刀王五等志士为中国的振兴所做的努力。小说虽依托历史，却直指当下，借古讽今、针砭时弊。从作品本身看，《北京法源寺》不失为佳作，但文学品位言人人殊。李敖学历史，只写过这唯一的一部长篇小说。它号称文学，读来却像史书，真实姓名，虚拟经历；真实事件，虚构关系。浸润着浓郁京味的春秋笔法虽颇有文采，但内里大段大段的议论却有失趣味。2000 年，小说《北京法源寺》一跃成为许多媒体争相报道的话题：它为李敖赢得了当年诺贝尔文学奖提名。按理说，报道这一消息，多少应当涉及作品，但显然人们对获奖可能的博彩性预测更感兴趣。即便在相关的文学新闻中，文学本身也是缺席的。2005 年秋，李敖来到中国大陆，开始“神州文化之旅”，行程中演讲、参观、同学会琳琅满目，就是看不到造访与其渊源颇深的法源寺。如果细致查找新闻线索，会发现此行并没有忽略这个地方，只是媒体热情的目光多数集中在李敖的惊人之语甚至情史的八卦对象上，法源寺被文化名人的光芒遮蔽了起来。

欲向真实法源寺空间追究小说里的情节是幼稚的，这也许可以解释媒体不关注李敖法源寺之行的原因。媒体需要话题，时局和八卦最能吸引普通人眼球。法源寺里没有擅长写诗的仓央嘉措，酝酿不出“第一最好不相见，如

图3　李敖法源寺之行

此便可不相恋。第二最好不相知，如此便可不相思”式的情歌；也未曾培养出释永信，能把寺庙打造成文化品牌，开拓出一条产业链。寺庙不具备娱乐大众的功能，又涉及比较敏感的宗教信仰，最好避而不谈。但以“狷狂才子”形象示人的李敖，却可不断生发新的话题，他的大陆背景，他的台湾牢狱，他的明星前妻，他的诺贝尔提名都是亮点。只要不乏类似“中国白话文写作排前三位都是李敖”的狂言抛出，李敖无疑随时都能成为媒体头条。

虚构与真实的法源寺提供了现实与想象交织、勾连的样本。那个真实低调的寺庙就在身边，它传经普法，遗世而独立；而那个虚拟的法源寺却积极而入世，是思想、权力交锋的战场。小说《北京法源寺》把法源寺构造成一个藏龙卧虎的传奇：庙里有世代守候的忠仆，身在槛外心系天下；有集董必武、熊十力、李大钊原型为一身的共产党人李十力，为革命事业慷慨捐躯。庙外还有康有为心心念念，数次往来。虚构的法源寺被塑造为一曲以“故国”“义士”“气节”等音符合奏的慷慨悲歌，其本质是具有文化张力的献祭地，是爱国精神和民族大义的具体依托。小说张扬的家国之情与寺庙执守的宗教信仰都凭借精神的力量一以贯之，都是人们向往又比庸常日用高了一个层次的追求。因此，二者虽然脱节，却也显得水乳交融、真假难辨。

李敖在小说里大肆抖落史学出身的考据功夫，但实际上，对当代都市意义丰富的空间来说，细节的真实与否并不重要。打动人们的并不是丝丝入扣的历史，而是时代氛围和精神力量。这种精神需要落在一方空间里，但这个空间叫作悯忠寺还是法源寺却无大碍。如今，多数人甚至是北京人、与法源寺毗邻的北京南城人，都还不甚了解法源寺，一些听说过《北京法源寺》的，甚至将它与小说重叠起来，以为它早已随着“康梁变法”“百日维新”之类的往事，在动荡辗转的历史尘埃中消失了。

法源寺，以具体建筑的身份被裹挟到历史的宏大叙事中，成为一个亦真亦幻的意象。它是遥远的、隔绝的、抽象和概念化的，仿佛历史书里的名词一般——人们将它当作事实接纳下来，确信它的存在，却从不将它投射到现实生活中，也从不试图印证它的存在。

三　多元媒体解读法源寺

真迹被小说遮蔽其实值得庆幸，唯其如此，法源寺才不会迎合制造话题的需求，而是不疾不徐地行进着，慢慢与不同的都市步调相磨合。

（一）赏花吟诗的闲适空间

赏花、诗会、文人雅集与当代衣食日用的都市节奏相去甚远。对普通人来说，类似活动似乎只在古代才子佳人的故事里才能有所耳闻。谁知道，在那一堆杂乱停车场包围着的法源寺内，竟还延续着这般雅趣。

算起来，法源寺花事已延续数百年。虽然脱不开家国今昔的主调，但这座寺庙却并没有笼罩在阴郁气氛中，反而是生机勃勃的。这份生机从视觉上说，来源于遍植其中鲜艳芬芳的花木；从精神上说，也许正是忠魂滋养了沃土，才能开出格外蓬勃的花朵。法源寺初因海棠闻名，清代洪亮吉曾留下“法源寺近称海棠，崇效寺远繁丁香”的句子；到同治、光绪之后，又以丁香闻名，五月间，前庭后院繁花盛开，享有“香雪海”美名。丁香色泽清远、香气馥郁、枝干秀雅，无论开花与否都自有一番清矜的情态，在诵经声、香烛气中映衬着寺内建筑，活现了“禅房花木深”的名句[①]。曾与崇效寺牡丹、恭王府海棠并称京畿三大花事的法源寺丁香，如今依然在每年四五月间悠然绽放，虽然时代已经改换了千年，但恍惚依旧能将人带入当年的花丛，当年的香。

图 4　掩映丁香花丛中的悯忠阁

起源于明代的诗会是法源寺又一盛事。当时，寺庙虽已被围入城内，但距离居民聚居区还是相对偏远。多数人只有清明前后踏青远足时才会前来落脚。断魂的微雨，追思的氛围，难免引人嗟叹唏嘘，在这里留下文墨。渐渐地，文人墨宝多了，竟形成吟哦唱和的传统。在清代，每年春天丁香盛开之时，法源寺僧人备好素斋，邀集文人名士赏花对诗，已是有名的雅集。纪晓岚、洪亮吉、顾亭林、何绍基、龚自珍、林则徐等人和名噪一时的宣南诗社都曾在这里留下诗篇。印度诗人泰戈尔也曾在徐志摩、林徽因、梁思成等人陪同下到此赏花，庄严肃穆的法源寺还拓印下现代文学史上一众诗家风流的侧影。可惜从那以后，战乱频仍、内忧外患，人们在仓皇逃生的缝隙中无暇自顾，更遑论雅集的闲情。新中国成立后，诗人们的气质慷慨激昂，忙于感怀世事沧桑，诗坛多的是与哲学相近的思辨和论争，少了几分神闲气定的从容，即便在诗歌最为活跃的 20 世纪 80 年代，法源寺诗会也未能得到恢复。

① 参见邓云乡《增补燕京乡土记》，中华书局 1998 年版，第 321—322 页。

到2000年左右，一度鲜明整一、锋芒毕露的文学、文化观点在日渐宽松的媒体氛围中，开始走向多元化，休闲、审美的趋势显露，北京传统民俗活动赓续的必要性得到认识，一系列本土民族文化活动被发掘出来予以恢复。2002年秋，北京“宣南文化节”首次召开，当年春天，法源寺“丁香诗会”作为宣南系列文化活动的先声重新召集，并自此固定于每年4月10日举办。作为诗歌节，法源寺诗会未必显赫，但在将传统、民俗、地域文化融为一体方面，它却十分独特，不仅聚集了京城诗人，还吸引了不少倾慕传统的文人自外地慕名赶来。如今的法源寺诗会由北京作协与地方文化机构合办，从一开始就定位明确，并获得资金保障，成为京城特色文化品牌。

法源寺花会不是那种大型的园艺博览，丁香诗会也没有名家云集粉丝追捧。直到如今，虽然已有十来届的积累，但这两项活动依然十分小众。类似的活动面向民间，却给人私密群体、小众独享的感觉，外行即便有所耳闻、心向往之，也不会贸然涉足。但对作为一处当代都市空间的法源寺来说，高于日常生活的文化主题活动却使它成为值得向往、追逐和效仿的所在。法源寺在宗教的肃穆、祭祀的肃杀之外，显露出文雅闲适的传统文化韵味。

（二）个性选择与趋同空间

如果说花会、诗会让法源寺多了几分“文艺范儿”，网络上网友自发描绘的法源寺却又呈现出不同的风格。

博客里涉及法源寺的多半是游记，侧重所见所想。遗憾的是，其中的景物却不出寺庙网页上推介的那几样。确实，大凡有些历史的佛寺，在千百年风雨飘摇的路途中都会留下些宝物，人们最期待看到的也是这些宝物。他们热衷于辨认斑驳石碑上的文字，着眼点却在于落款的官职与名望；他们在佛像前端详、凝视，却是为找出它的年代和材质。不同的博客重复着同样的内容——因为它们最容易记忆。人们寻觅到这个藏匿都市深处的寺庙，并专门记录自己的游历，就是为了展示一些不寻常的所见。奇珍异宝是不寻常的，所以它们替代了寺庙本身，但即使是这些珍宝，具体细节与形态也已颓然淡去，只剩下猎奇和估量的视角。

只有个别记录呈现了别样的法源寺，如leana2008曾在博客中写下某日

图5　法源寺卧佛

路过探访的过程，记录了自己与庙中居士、佛学院学僧以及与住持能行师傅的对话，还透露了僧人的日常生活和娱乐。他写道："能行师傅坐在床沿上看电视，播放的是一个僧人的MTV，字幕上显示演唱者是'印超上人'。我问师傅：'印超上人是哪儿的？'师傅说：'台湾。'……师傅说让我在这儿吃饭。我陪他吃扁豆和宽面条……"除了文字还配有图片，这样日常化的寺庙生活，平常极难得一见。可惜，这种真实随性不浮泛的记录在网络上非常少见，作为大众媒体，互联网平台总体还是被"大众话题"所屏蔽。

当然，不同网络应用尽管话题趋同，但还是突出了法源寺的不同侧面。"豆瓣读书"以书为题，以书评为内容，以读书筛选关注对象，其中与法源寺相关的话题都列在了《北京法源寺》一书条目下。除书评、读后感外，也能看到读者留言慕名去往法源寺的感受，他们的游历和探访侧重历史，关注点在于小说里提到过的景物，带有几分在现实中寻梦、考证、重温作品角色的心思。

在微博"随手拍"和"签到"里，法源寺又是另一番模样，它被迅速分享，侧重活动和交互性。网民们利用智能手机随时在地图上标注自己的位置，并上传微博昭示天下，一个个虚拟的数码"足迹"在电子地图描画的虚拟空间中记录着真实空间里真实肉体的位移过程。为增加真实感，网友还时常拍照上传，所谓“有图有真相”。由此，真实的人在真实法源寺的游历，成为虚拟世界的一部分。关注者毫不怀疑微博的真实性，他们将发微博者在这一空间的真实到场当作事实接受下来，却丝毫没有想到过这种“到场”其实充满作弊的可能：它只是手机的到场，是微博用户名的到场。法源寺不由自主地成为虚拟旅程的一个节点，在微博中飞向众多网络终端。这种真实与虚拟杂糅，将真实虚拟化的过程，在网络上已成生活常态。

诞生于网友键盘敲击之中的法源寺就这样散落在博客里、微博上，又在邮件列表、朋友圈、社交网络中传来传去。人们各自撷取感兴趣的侧面渲染和传播，以极度私人化的小叙事描摹法源寺，构造出网络上的多维空间。这个空间虽然众声喧哗，却又极其单一，并不具有开创性，如果必须究其不同，大都不在内容而在所依托的网络平台：博客游记复述景物、豆瓣书评追究考据、微博突出人物的在场。总体来说，在互联网上随手拍、随时秀、随意写的行为，其实是通过自我曝光来寻求认同和回应，是牺牲个性去吸引公众目光的尝试。所以无论对象的选择还是话题的设计，都带有强烈从众心理，不太注重全新的开拓性。

（三）消解戒律的享乐空间

赏花、对诗、品味生活中的闲适之美，发掘旧民俗和文化记忆，是有历史的空间在接续传统方面得天独厚的优势。而拍照留影、写游记、随时随地上网发微博的做法，又是时尚空间所特有的。二者在法源寺得到统一，得益于休闲理念的兴起，城市功能由生产型转向消费型，由物质消费转向文化消费，以及营造都市文化潮流的大趋势。

虽未声名显赫，法源寺却始终不乏关注。2006年，一本以它为题的散文专辑《花落的声音：法源寺散记》出版，在网络发帖轻而易举、盛产轻松随意不加修饰文字的时代，能专为一座不大的寺院潜心创作十余万字，且经过一重重审核校对出版成书，可见作者情缘之深重。2009年，又有一首与它同名的歌曲在网络上流传，虽然用了节奏感强烈的说唱，歌词却自佛经化出：“须菩提说无色相无声无空，然法无定夺；须菩提说缚束千百律规终始，然法源未拓；须菩提说万律是流寻诚是源，溯源无法得法则果，失果则堕……”在城市歌曲专辑《连城记》[1]中，代表北京城的不是《我爱北京天安门》而是这首《法源寺》。向千年文化积淀寻灵感的歌曲面对的不是当代政治性和意识形态色彩浓重的北京，而是与传统息息相关、一脉相承的历史北京。

2013年年初，法源寺突然又和其他几十处古老北京空间一起，以“长微博”的形式被发掘出来大肆转发，像《50处值得去的北京秘境》《100处秘境带你真正认识北京》《北京不可不知不可不去的秘境》等，都少不了它。虽在个人社交媒体微博平台公布，但它们不是网友原创，内容大同小异，发帖者也都是“北京号外”“Vista看天下”“点评团”“北京人出门攻略”等，还不约而同地以“秘境”称之。究其根源，这些“北京秘境”原来是从《TimeOut北京》杂志同名栏目整理而来。《TimeOut》是一个国际化的城市消费杂志品牌，创刊于伦敦，在世界多个城市都有本土化版本，中国有北京版和上海版，以消费主义一视同仁的慷慨将京沪这两个在文化品位和生活趣味方面历来争执的城市一起纳入麾下。

作为城市消费导刊，《TimeOut北京》力图展现城市不为人知的美，通过增加城市魅力来激发人们游览、购物的欲望，为读者的消费提供附加的情感和文化意义。它带领人们熟悉都市，基于城市空间来梳理并组织消费主题。其中的“北京秘境”栏目谋求将地图上的点与历史、民俗、文化联系起来，凸显寻常地的不寻常之处。它那篇《一座法源寺半部中国史》的专栏文章，并没有比网络搜索“法源寺”词条多提供什么信息，却以消费城市为基点，除了叙述寺院历史沿革、文化记忆之外，还附有一段题为“牛街制造解馋，报国寺旁捡漏”的周边信息，贴心地告诉读者：游览完毕饥肠辘辘之时，可以去品尝老字号“爆肚冯”，或在牛街吃上一顿地道的清真菜，如果意犹未尽，可再到左近报国寺市场里淘淘纪念品。这一页，在与前面寺庙里的大殿、禅房图片一样醒目的篇首位置，是一张“大伙烤肉”照片。介绍佛门清净地的文章里说素斋是风雅，将烤肉腥膻纳入后续路线却实在唐突。但

---

① 专辑《连城记》，歌手陈艺鹏，2014年1月通过网络发行。其中收录《情人锁》《渡十娘》《西关》《出师表》等歌曲，分别代表黄山、扬州、广州、成都等城市。以《法源寺》代表北京。

是，在这本以享乐都市为目标的杂志里出现这样的安排却毫不意外。对消费导刊来说，法源寺不再是寺庙，而是“北京秘境”，它成功地被去除了所有附加意义。什么悲天悯人，什么家国信仰，在这里，都只是都市里一个有说头、有卖点的所在，过于庄严的气氛反而会增加压力，降低消费的快感。在文字编辑的精心选择下，强调法源寺悠远的历史感是必需的，但悲凉的氛围却大可不必，说完“帝王囚于此”的悲怆，就得配备“花海灭杀气”的风情；在摄影记者的镜头里，它更呈现出纯粹的平面设计效果：大雄宝殿与大伙烤肉的区别只是光影、角度和构图而已。

图 6 《北京秘境》

除法源寺外，《北京秘境》还罗列了“正乙祠”“西什库”“炮局”……都是说得出典故，得到了保护，却还没有成为公众热点的地方。它们在老北京口中是亲切的，青年人却不甚了了。对于游客来说，北京值得一看的景致太多，这些不够显眼的小地方似乎只是民国戏里的对白；而对于那些专门跟着城市攻略找过去试图一探究竟的都市行走者或者“驴友”来说，这些空间遗迹又不够偏僻，不能形成“独家记忆”。都市信息太密集，如果这些地方真能给人文案中那样深的震撼，必定早已获得了更大的名声，不再是“秘境”。它们那还不够鲜明，咂摸起来也未必耐人寻味的小小风情，多少会让一众循着攻略而来的人失望。

为寻常的地方创造意义，将地理空间与人文、传统、民俗联系起来，包装成一小部分谙熟城市、生活优渥者的私享，正是《TimeOut》之类城市消费媒体的目的。它声称“负责一切享乐”，内里满是介绍“吃喝玩乐”的小栏目，还配上了地址、电话和人均消费，与当年的企业黄页在功能上并无二致。它就是一本赤裸裸的广告，目标是将店铺信息传达给尽可能多的消费大众，但看起来并不恶俗，而是流溢着时尚光彩、情感气息和私人品位。它就像一位精通潮流步伐、将都市节奏拿捏得恰到好处的摩登女郎，人们满怀期待地翻阅，寻求品位的投合、消费的建议甚至都市生活的指导。每一篇文章的主体部分都是煽情的，还配有艺术品般精美的图片，而那以细小字体附在下方的电话号码和交通路线、停车难易指数等，则像是闺蜜口中轻轻传递的私房话，成功勾起你的欲望之后，又贴心地敦促你赶快出发。

法源寺被媒体捕获，包装成为北京“秘境”，实景图片、地理位置等真实信息在某种程度上使它回归了“真实”。这座传授戒律的寺庙被安置在张扬享乐的媒体中，成为城市行走者的小众私享，成为寻美食探珍玩的线索，成为畅销书上的一页。这一次，它的发现者是会享受、善与生活讲和、以国际眼光发现京城独到之美的年轻媒体人。书里这样介绍他们：轻中度“都中心”原教旨主义者，旧京式慢生活的初中级践行者，“京作”精致文化的非典型服膺者[①]。消费主义以它一视同仁的温柔之手，解构了庄严，抚平了差异，把那个恪守本分、悯忠爱国、文雅个性的法源寺，变成了充满都市风

① 《北京秘境：52段重新发现北京的旅程》，广西师范大学出版社2013年版。

情、张扬享乐主义，甚至有些自相矛盾的公众“秘境”。

四　城市脉络的想象性接续

真实的法源寺，虚构的法源寺，流传中演变的法源寺，空间意义一重重叠加，最终生成的，是真实与虚拟、信史与传言、官方媒体与私家原创的综合体。

如果从芝加哥学派对空间的考察算起，人们对空间的研究一度依据功能的物理范畴。列斐伏尔将考量空间的目光引向政治和经济力量。其后，在詹明信、苏贾等诸多后现代理论家的努力下，生产空间的力量又从政治经济转变为文化。媒体是文化观念的舞台，在其中，同样的物理空间因叙述角度的不同而变得不同。古代空间的生成需要砖瓦，雕刻碑铭，修缮建筑。人们对其认识也大多依赖实在的到场，媒体的传播范围有限，力量也微弱。而如今，足不出户就能遨游宇宙已不是梦想，认识空间多靠媒介和想象，空间在媒体中生成。空间从自然走向人文，从实在走向概念。

作为当代都市空间的法源寺是各类媒体制造的结果。导览图以精确的数字复述真实的空间，小说以动人的情感描摹虚构的空间，诗集、结缘簿以独特的趣味营造情趣的空间，游记、歌曲以个人的经历交流感受的空间，消费导刊以精当的文案策划诱发欲望的空间。它们的力量都很强大，但又是驳杂的，彼此塑造又相互消解。法源寺空间的韵味就在这不同媒体力量的协商和博弈中形成。它并非由文化产业链打造，也不是由若干媒体话题集中式报道形成的。这值得庆幸。在这种散漫的，自说自话、众声喧哗的媒体氛围中，法源寺的空间意义并非一蹴而就，而相当于经历了小火慢焙，逐渐呈现出来，在不经意之间，将其本身的历史韵味与新都市空间的不同主题细密地结合。

人们乐于为空间赋予意义，特别是传统意义，因为它是稀缺的，而这种稀缺的传统空间最能体现出城市的时间维度，这样的空间越多，城市越能显现出深沉的历史感。在北京这个时时处处邂逅历史文化遗迹的都市中，法源寺一类的空间其实并不特殊。它与许多残留下来却没有被专门围成公园的历史地点一样，被不断忽略，又被不断认知并想象着。古代中式砖木结构的建筑通常不够高大，那一度"去天一握"[①] 的悯忠高阁，如今被老旧居民区里区区几栋筒子楼遮蔽了起来。都市越来越大，而人们肉身活动的范围却越来越小，他们疲于应付繁复的生活，找出种种偷懒的借口，在真实的空间里裹足不前。人们生活在北京的地域上，自以为拥有这座都市，却对北京的空间如此疏离和陌生。而日益发达逼真的媒体技术更助长了这种肉身对物理空间的缺席。媒体经验代替了直接经验，接触一类媒体，就可以对一个空间进行再生产、再发现。在法源寺真实—虚构—解构的线索中，这一都市空间的意义日益丰富。

法源寺为城市的时间脉络提供了基于空间的想象性接续。实际上，这种接续只是幻觉，在延续的时间里，城市是断裂的，即便现有的历史，也是媒体有选择的叙述。幸好，虚置的历史背景使法源寺作为真实建筑空间实实在在立在那里。真实性是与全球化、普遍性相对的概念，将虚幻等同于真实接受下来，是全球化经验的前提；而提供真实性的佐证，则是法源寺之类保存下来的空间遗迹的意义，也许，还是地方性对抗全球化的手段。

---

① 潘荣陛编：《帝京岁时记胜》，北京出版社 1961 年版，第 16 页。

都市里的神圣空间

都市空间之所以与众不同，在于人力加诸其上的印记。历史和人文意蕴区分出了不同的空间。在其中，神圣空间是较为特殊的一类。寺庙、教堂等诉诸宗教信仰的空间看似与当代都市世俗生活互不相干，但通过对这类空间发展脉络的追溯、利用方式的研究、功能定位转变的了解可知，神圣空间在作为信仰仪式发生地、传播者的同时，肩负着更多的意义。它们不断受到时代主题和日常生活的干预和影响，也在积极调整，消解与日常生活的距离，争取参与日常生活。当代都市中的神圣空间不是孤独而封闭的领地，它们是多元并包的都市文化的一部分。

走在欧洲城市街头，最吸引人目光的建筑往往是教堂。在普通的居民区拐角，在宽阔的金融街尽头，在路口、街头、地铁站旁……那些可大可小，尖顶、圆顶、黄金顶的教堂引人驻足。猛一看去，教堂与当代都市格格不入：它们过于静谧、烦琐、执着，而都市则以声色诱惑、效率收益以及不停变换的知识为特点。不难想象，这些神圣的宗教空间如今也必然受到日常化、世俗化、商业化的挑战。然而，宗教本身追求的就是精神救赎。物质越发展，科学越精进，精神越容易感觉困顿。在精神与物质两极之间的挣扎是人类始终无法摆脱的谜题。大都市过剩的物质容易使人窒息和沉溺，都市人拥有丰富的物质之后，更渴望精神的解脱。神圣空间对精神的净化和提升为抗衡物质带来的沉溺感提供了途径。传承古老信仰的神圣空间看似与光鲜激进的当代都市生活互不相干，实际上，二者不断影响、争夺，又相互吸纳、学习。神圣空间主动消解与日常生活的距离，力图与当代都市生活和谐并行，进而影响并改变后者。

一 单调的都市与对抗的空间

与自然界原生态的物理空间不同，都市是空间与意义交叠的所在，人为的设计和丰富的历史是城市魅力的源泉。虽然一些人在厌倦都市喧嚣之后投向老庄，钟情探索浑然天成的处女地，但那应当是基于浮华阅尽后的判断，对普通的想要开眼界、长见识的人来说，那些有名有姓有历史文化积淀的都市空间无疑更受青睐。富于变化的都市成为众多学者兴趣的焦点，这个空间不仅仅是城市设计师、建筑学家、园林设计师的对象，其取之不竭的丰富内涵也使都市文化研究作为一个特殊研究领域逐渐兴起。在本雅明眼中，都市是游荡者虚无精神的外显；在列斐伏尔眼中，都市被经济力量生产和利用；在布尔迪厄笔下，都市是政治、文化、经济权力争夺的场域；在詹明信眼中，都市是冲撞着感官支离破碎的后现代概念，充满罪恶又魅力四射，令人憎恨又欲罢不能。

都市曾如此多姿多彩、令人着迷，但如今站在“国际化”的大都市里，你却很难确认自己到底在哪个国家。说“天下大同”也好，说“地球村”也罢，不管这些繁华都市位于亚洲还是欧美，你都能发现类似的功能区：你能看到伦敦“金融街”、纽约“CBD”，或者是巴黎“王府井”……大都市都以西方早期发达资本主义城市为模板：高楼大厦、灯红酒绿、商业发达、人潮涌动，同时又功能集中、区域分明。它综合最优势的资源和最先进的技术，但也逐渐成为缺乏个性和人情冷漠的代名词。

信息技术、学院教育和城市功能区划设计应当对这种没有个性只有拼贴、没有文化只有品牌的都市负责：信息传播和交通技术的快速增长使千山万水可以被飞机瞬间掠过，人们已经没有理由再期待太多的新鲜感。而现代设计跨国招标与世界名校、名企中系统化的学院教习，导致了城市之间更多是对模板的承袭而非创意。城市是人为设计的产物，它本来就是功利性的，是一个目的明确的空间。城市功能区设有益于形成规模效益，但也正如雅各布斯在《美国大城市的死与生》中所说，它“割裂了城市的有机生态联系”，成为为汽车、商务、工业化进程服务的机器[1]。大都市代替了工业时代之前那种充满人情味的小型城市，本该魅力无穷、文化丰富的都市，成为“世界性”“全球化”的体现，本土魅力尽失，大都市向着抽象的现代模式迅速演进并日趋同质化。

千篇一律不应当是都市的形态。按理说，大自然的一视同仁使风景缺乏个性，而人工的设计与命名则能够赋予空间独特魅力。因此，经历人工的都市空间因其丰富的内涵、特殊的意义和不可预知性理应更加与众不同。确实，人们以文化为日常生活空间赋予了特殊意义，如福柯所指的“异托邦”：舞台、墓地、花园、蜜月旅行中的汽车旅馆等，能暂时脱离现行社会秩序，行使一套特殊规则。但这些空间过于零散，其特异性只对个别人行之有效。使庞大的都市空间变得独特的，是铭刻历史文化记忆的古老空间、存在特殊禁忌的神秘空间和包含普世信仰的神圣空间。它们在物理维度上虽然有限，自身能量却十分强大，在意义层面对抗着都市的同质化步伐。它们是有目的建筑形式，引导人们注重空间在功能场所之外的特殊意义，使之从单纯的地理概念转变成被生产出来的文化概念。具体来说，历史文化空间是记忆的凝结。诚然，没有任何地方凭空而来，但有过往并不意味着有历史。悠久的岁月积淀是文化吸引力的重要源泉。当某处令我们思接千载、发忧古之思情时，它的特异性因之显现。权力空间由神秘感和等级性而来。强权封闭将空间据为己有，使之具有象征性权威的神秘色彩，这种神秘性又在某种程度上加强了权威的强大和不可侵犯性。权力越大，禁忌越多，猜测与传说也因之而来。因此，皇城、军事禁地、政治场所等，有的虽然坐落于市中心甚至开放参观，但依然具有强烈的特异性。神圣空间是宗教区域，它与生死轮回、权力财势相关，象征着人对神灵的敬畏，其功用正如城市学家弗雷所说，“空间上的接近是人们接受某种价值的重要体现”[2]。但实际上，如今都市里的神圣空间已经不单纯是拜祭祈祷的场所，其对都市所发挥的象征功能远远大于宗教使用功能。神圣空间在东西方皆有特殊意味，由于宗教信仰、文化

---

① 简·雅各布斯：《美国大城市的死与生》，金衡山译，译林出版社 2006 年版。

② 转引自蔡禾《城市社会学：理论与视野》，中山大学出版社 2003 年版，第 51 页。

风俗和社会发展情况的不同，又存在一定差异，如果以伦敦与北京这两个东西方大都市为参照，即可看出当代神圣空间命运和职能的转化。

二 神圣空间的日常化与商业化

（一）伦敦：大教堂、居委会与激情桑巴舞

阴郁的德国科隆大教堂、明媚的意大利米兰大教堂、祥和的法国巴黎圣心大教堂都令人过目不忘。在伦敦更是随处可见造型独特的哥特式、拜占庭式或巴洛克式建筑，它们多半是罗马天主教（Roman Catholic）或英国国教圣公会（Anglican）教堂。那些装饰繁复、外观精美、造型独特的建筑从周边环境中凸显了出来。它们造型古朴，在当代都市景观中有些突兀，但毋庸置疑，教堂作为神圣空间已经渗入人们的日常生活。

最著名的教堂同时也是世界知名的旅游景点。像西敏寺（Westminster Abbey）的堂皇、威斯敏斯特大教堂（Westminster Cathedral）的富丽、圣保罗的典雅，都令游人流连忘返。这类教堂级别高，其中礼拜活动仪式感也非常强。由于声名在外，它们向游客开放参观，去往珍宝馆或阁楼要收取一定的门票。除了个别每周来此参加礼拜的虔诚教徒，大部分去往这类教堂的人只是游客，他们的目的是去诗人角凭吊莎士比亚、乔叟、拜伦等辉煌的名字，或者站在凯特和威廉王子结婚庆典的位置留个影，或是欣赏那颇具特色、匠心独运的建筑以及缀满珍宝的祭坛。不少并非基督徒的人选择在礼拜时间进入教堂，不仅是为节省门票，更期望有机会全程亲身体验英国国教的仪式，运气好时甚至还能一睹坎特伯雷大主教的真容。来自世界各地的游客消解了教堂内的神圣气氛，对于他们来说，这是一个游览目的地，是欧洲文化展示的窗口，而教众也乐得借此机会向世人展示主所恩赐的丰饶。

比起庄严的大教堂，伦敦街头更为多见的是安静的小教堂。它们规模不大，但年代久远的砖石建筑和斑斓绚丽的玻璃窗依然营造出神秘和庄严的气氛，在社区里也更有人气。

还有些被称为教堂的建筑，从外形上看完全与宗教无关，不过是一个大厅或类似社区会所的地方，但走近了却发现告示板上贴有礼拜时间。它们一

般是被称为“protestant”的新教教徒礼拜的场所。这类教堂里既没有怀抱圣婴的圣母玛丽亚像，也没有十字架上受难的耶稣，一切删繁就简。

英国的政治、文化和历史都受到基督教极大影响。如今很多年轻人不再去教堂，但教堂这一神圣空间依然与人们联系紧密，只是某种程度上变了方式，不再主打宗教牌，而以传统文化、知识补充、主题活动来吸引人。有的新派年轻人由于羡慕教堂婚礼的隆重庄严而在婚前“火线入教”。教堂不仅为年轻人带来神甫白纱的婚礼，还为他们提供类似“婚前教育”“产前学校”“婴儿护理”的课程，对有大一些孩子的父母来说，“主日学校”也是便宜且有益的教育方式。每个教堂有不同的特色，有的专注于研读圣经，有的勤于组织慈善活动，有的将目标放在大学生聚会上，有的甚至为吸引年轻人，将时尚元素引入，周末礼拜过后，就放起摇滚乐邀大家跳舞，其热闹程度不下于美国电影《修女也疯狂》里那群激情洋溢的嬷嬷。

图 1　威斯敏斯特大教堂

神圣空间的日常生活化是伦敦的特点，不同层次空间的自然过渡使伦敦在充满历史感和庄严的同时，也十分亲切可人。追溯神圣空间起伏的命运为认识伦敦增添了不少趣味。在罗马天主教统治欧洲的时代，这座大都市曾经用文化和信仰命名，将空间塑造成一个神圣的殿堂；在亨利八世进行宗教改革之时，这座都市里的神圣空间又成为政治和权力争夺的场所；而如今，随着多元文化的入侵，宗教的仪式感逐渐消退，甚至有的教派如 OPUS DEI 等主张“在日常生活中成为圣徒”，颇有些禅宗呵佛骂祖的意思。虽然烦琐的宗教程序在一点点简化甚至褪色，但通过与日常生活的渗透与结合，伦敦的神圣空间不仅没有削弱，反而日益强大。神圣空间与普通生活的联系让教堂有了日常实用性，它不再是单纯的宗教场所，反而在社交联络、教育医疗、文化展示、信息交流等方面承担起了不可小觑的职能。

（二）北京：火神庙、东堂与时尚产业链

与古老伦敦街头随处可感的宗教气氛不同，北京虽然已经是拥有近千年历史的古都，街头建筑却大多是不超过20年的崭新摩天大楼。在这一个年轻的街头建筑群落里，神圣空间并非随处可见，但其生成、转变及利用形式却使它们特殊而有魅力。以北京金融街和王府井两处来看，一个是金融总部聚集地，一个是中外知名购物街，定位单纯、功能明确，看似与神圣空间格格不入，但两处空间的生成却与神圣空间联系紧密。它们的魅力不仅并未因摩天大楼的屏蔽而削弱，反而因时尚与古老、世俗与神圣的交叠而越发凸显。

1. 金融街和火神庙

说起当代北京，简直是写字楼的都市。西二环金融街附近就是北京写字楼的焦点，它虽处古老内城，但传统的小胡同、四合院全无踪影。这片不过一平方公里的街区每年总能为全市贡献三分之一的税额。从经济增长角度来说，这样的数字神话无疑令人兴奋，但从空间审美和文化角度来说，这里却苍白乏味。那一栋栋写字楼间的水泥地上虽然有草坪、花坛、酒吧食肆与时尚名店，但总体逃不脱金融功能区的样板模式，北京引以为豪的小胡同、四合院和历史文化底蕴都被写字楼扫荡一空。直到近年来，金融街空间的重新构造和再认识才使这里日渐显现韵味。走在写字楼群里，人们能从路牌上看到广宁伯街、武定侯路、金城坊、学院胡同等古雅且醒目的地名，它们传达出时间的厚重，暗示着金融街的历史和文化：元大都建立之初，“金城坊”就已具备“金融”雏形。历史动荡，北京金融中心几度迁去又迁回，丰富而曲折的往事给这个区域增添了几分厚重。

而使这一空间脱离乏味，区别于其他城市功能区的根源，则是隐藏在金融街角落的那座小小火神庙里。在仙班诸神中，区区“火神”忝列末位；在古刹云集的北京，火神庙同样排不上座次。动荡的年代和曾经的“破四旧”经历，更使这座小院一度成为革命办公室，后来又多年荒置。直到金融街日渐兴盛，“风水”之说受到关注，火神庙才重新修缮装置。有意思的是，这座庙里并无火神，连庙前的招牌上，都赫然写着“吕祖殿”。所谓“火神庙”只空余一个地名，可以说宗教神圣性荡然无存。但是，经过时尚媒体、网络达人以及“胡同串子”口口相传之后，金融街和火神庙在空间用途上的鲜明对比却使这里具备了时尚意味和历史趣味，吸引了个别热衷于探访城市角落的游人。

火神庙之于金融街的意义远远大于它本身，其象征性意义超出了物理范围，虽然崭新的油漆和寡言的道士们使它显得有些底气不足，但神圣空间本身的气场却已将历史、文化、宗教、精神等多重意义灌注其中。由于宗教关乎终极精神，寺庙、道观即使处于闹市之中，也是庭院深深、森严神秘。火神庙里小小空间屏蔽了金融街诸多银行、总部、监管机构名称带来的刻板印象，以神圣空间之名，行使时尚空间之实。它的存在使金融街地区从单一的功能性空间转而具有多重丰富性，它将神圣空间与功能空间结合，又唤起人们对历史的追思和对时尚的追逐。它虽然很小，但更像是一种提示和启发，使功利的金融街转变为寻幽探秘、找寻古老都城踪迹的处所；将货币战争的血腥味代之以古老矜持的贵族气质，以地域文化的丰富历史勾勒出引人回味的渊源。

图 2　金融街火神庙

2. 王府井和东堂

从物理角度来说，空间相对固定，而在人类历史的发展过程中，在人类活动的创造与改变中，空间却不断变化和延展，并与社会文化交错夹缠。以北京王府井地区来说，其1999年盛大的开街仪式具有特殊意义。作为老牌商业街，王府井始终是各地购物者的首选，但其空间并未被命名，“开街”之后，这里从一个百货商场聚集之地变成了具有代表性、特殊性和历史性的空间。连那凑巧坐落于王府井大街的教堂（东堂）也焕发了神采。这是一座融入中国传统元素的罗马式建筑，始建于清顺治、康熙年间，后多次遭到战争、地震、火灾等的破坏，现存建筑于1904由法国和爱尔兰以庚子赔款修建，“文革”中又被挪用为小学，直到1980年圣诞前夕才恢复了宗教活动。2000年，伴随王府井大街改造，教堂前兴建了一座广场，从而成为步行街的一处景观，而王府井天主教堂也因之成为北京最为市民所熟知的一座天主教堂。这处神圣空间首先是以景观方式而非宗教方式参与了当代都市生活。

不少国人对基督教的了解自“圣诞节”而来，因此，圣诞节是图像化、物质化的。它最直观的形象就是商店橱窗上的圣诞老人招贴，那红衣长髯红鼻头与国产的老寿星颇有几分相似，而可爱的驯鹿和金闪闪的铃铛又得到孩子们的欢心。教堂使圣诞节具体化、仪式化。在12月末，大家期待着庆祝新年之时，西什库教堂和东堂特色的装潢、欢乐的气氛给人们增加了一个提前放松的理由。而基督教和圣诞节之所以迅速令国人耳熟能详，则有赖于诸多商家的推波助澜。作为洋节的代表，圣诞节老少咸宜，又靠近年底，正好拉开商场新年、春节打折的序幕，备受商家和消费者欢迎。因此，东堂之于王府井商业街甚至北京的意义，绝不仅仅在于宗教、建筑或是文化，它更是消费精神的体现，是对这座商业街“国际化”的认证，在其背后运作的商业之手对文化、宗教、民俗等一切可资利用的元素信手拈来，突出、渲染并符号化。

王府井东堂不是单纯的景观，它还有更为实用的价值——婚纱照外景地。在结婚庆典中，展示新人婚纱照已然成为不可或缺的一个步骤，构成了都市新民俗，而北京数量庞大的适龄人口更为婚庆业提供了源源不断的客户保障。白纱新娘造型的风头远远盖过了传统的大红双喜盖头。如前所述，在西方年轻人中也有由于渴望教堂婚礼而火线入教的情形，不过这种情况到了中国变得更加简单：严肃的教堂婚礼简化为模式化的婚纱照背景。新娘只要身着白纱在教堂前一站，“一二三咔嚓”便完成了一生一世的美好信念。

东堂对王府井商业街甚至北京的意义，超出了宗教、建筑或是景观，它更是与文化北京、历史北京相抗衡的消费北京的体现，是将这座都城中的市民生活带入国际轨道的认证。消费时代并不原创，而擅长对已有元素选择、包装和再利用，遵循的是消费原则，创造的是金钱即消费价值。消费时代的北京长于此道，将一切元素信手拈来，无论这空间是古老的、传统的还是神圣的，都兼容并包，洋为中用，古为今用，大大提高了城市的消费动能和包容性；而神圣空间在与北京的合谋中也壮大了自身的影响力。

三　神圣空间与大都市

如今，旅行已逐渐成为当代生活休闲必备的主题之一，然而“上车睡觉，下车看庙”是大多数人的旅行方式。在昏睡中，人们从一个空间向另一个空间位移，每次睁开眼都看到一个别样的空间。在这种位移与游历中，对于一些特殊空间的观察和参与是不可或缺的。在中国，“庙”常常是香火旺盛、高僧云集的古刹；到了欧洲，则换成了坐落在市中心，与民居、广场、市政厅混迹在一起的教堂。对于日常生活来说，宗教场所的神圣感和持续性使其具有吸引力和特异性，无论从文化、哲学、猎奇角度，还是仅仅为空间设置一个标志或者重点，它都成为人们关注并观望的对象。历史上，建筑的形态与地位和用途联系紧密。除了帝王的宫殿气势恢宏、居高临下外，高大的建筑还有神庙、陵墓等。这些建筑在铸造的过程中需要聚集大量人力物力，并非普通人所能承担，也不是寻常人活动的地方，而与生死轮回、权力财势相关。帝王雄踞天下，自有高昂夺人的气势；庙宇和教堂的宏伟象征着人对神灵的敬畏；墓地是阴阳两界交会之处，人们在此设计来生。所以，掌握权力、拥有地位的人（无论是世俗的权力还是宗教的神权）高高在上，而普通小民则只能存身于蜗居。对他们来说，神圣空间是王权之外另一种权力空间的分配，可以承担其精神的寄托并与强大力量相制衡。

伦敦神圣空间的琐屑和日常仍被宗教精神之名统领，而北京的神圣空间则缺乏严肃统一的宗教主题。究其原因，可能要从孔子“敬鬼神而远之”的态度说起。这种原始朴素的唯物主义思想某种程度上造成中国人看待宗教开放且功利的实用主义态度。无论是佛教、基督，还是伊斯兰教，在中国都能找到一席之地，但“临时抱佛脚”的说法却最为流行。虽是讽刺，却反映了国民的宗教观。儒家求仁义，敬皇帝，讲究经济适用和“致君尧舜尚，再使风俗淳”，不太在意虚无的极乐世界或是末日审判。而中国特产的道教，则可部分看作文人失意避世，退而追求神仙的散淡。有意思的是，仙班的等级、层次和配置则几乎完全复制了人间的政治体系，堪称儒家与道家的结合：俗世当不了官，天上做神仙；书生取不到媳妇，就幻想仙女下凡……反映的还是世俗实用的想法。虽然宗教在中国的地位有几分尴尬，但神圣空间依然具有影响力。

说起中国城市，北京从未被忽略，又很少被关注。它不是驴友钟爱的世外桃源，也没有国际宜居的良好指数。它的名称、它的历史、它的建筑，在各种媒体上频繁露面，令人熟而生厌。很多人认为这里缺乏特色。虽然它毫无特出，却容纳了你能想到的一切：不论是小情小调还是恢宏大气，不论是西洋酒吧还是传统园林，不论是形而上的神庙寺院还是经济务实的写字楼，在这个空间里都那样融洽。北京城市空间的魅力即来源于它含而不露的丰富性。细细品味，能从中看出一层层的不同。列斐伏尔用“空间的生产”来形容各种权力在对空间的定义、命名、生产与划分中的主导作用。物理空间因人的命名而具有复合意义，政治、经济、文学、宗教等都以自己独特的方式创造出了有意义的空间。北京空间经历丰富，背后文化、权力、信仰的更替更是微妙：在人类对自然充满敬畏的偶像崇拜时代，出现了神秘圣地，空间被赋予神性；等级社会中的空间与地位相联系，经过皇家任命的神圣空间权力得到彰显；在消费社会中，空间以价格计量，与经济挂钩，被一再消费，神圣空间的生产价值也被发掘利用。中国自近代以来，充满动荡和变革，北京城里的神圣空间也经过各种利用获得了多重意义和身份，呈现出多元不定的状态。

随着传播技术的发展、电子媒介的通行，越来越多的秘密得到破解，神话变得苍白无味。美国学者梅罗维茨认为："……支持物质隔离和社会不可接近性的媒介，会支持等级的神秘化，而危害这种关系的媒介，可能降低许多角色的高地位。"① 电子媒介解密内幕的能力使高高在上的神灵坍塌，科学理性与宗教权威的对决使不可接触空间的神秘性减小。宗教需要在新媒介领域建立新的神圣空间，这种空间无法继续以神秘感为基点，而需要其他特性支撑。在伦敦的教堂里，它可能是深入日常生活的亲善、友爱和帮助；在北京的庙宇、道观中，它可能是时尚景观、文化创意源泉和商业促销手段。

对比自然，都市空间的魅力，正来源于其蕴含的人文意蕴，其负载的悠长的历史和丰富文化。神圣空间在都市的不同呈现反映出不同都市结合地域和时代特征，运用文化和信仰命名，对空间进行定义、组织和塑造的过程。大都市的特点之一是异质性，它包含了众多的外地人、外国人和外来文化。多元杂糅的文化使都市呈现出零散、冷漠、无中心的状态，人们缺乏归属感和目标。对于大都市来说，神圣空间的意义在于使之更加具有丰富性、包容性、特异性和哲理性，它是历史传承和文化情结的凝聚点，以宗教之名将人们集结起来，成为一个归属的借口和心灵的归宿。因此，尽管宗教的式微不可避免，但神圣空间在如今的大都市里却更加重要。不论它的初衷是否已经改变，神圣空间依然能够以信仰之名集结众人，成为都市历史传承、文化归属和人员凝聚的节点。

---

① 约书亚·梅罗维茨：《消失的地域：电子媒介对社会行为的影响》，肖志军译，清华大学出版社2002年版，第62页。

新空间与旧符码

——会馆对当代城市意义的填充

会馆是同乡之间基于地缘情谊相互帮扶的产物，在历史上发挥过试馆、行馆的功能，并曾经为维护地方势力发挥着社会功能。近年来，一些原本被工厂、居民占用或是废弃的老会馆重新得到启用。在形态上，它们修旧如旧，但在功能上却得到了新的开掘，突出文化意义、商业意义甚至政治意义。作为都市新空间的它们沿用了“会馆”这一旧符码，意在以熟悉的概念唤起人们基于农业社会对稳定乡土亲缘关系的信任感，以意义填充城市，将都市人际关系转换为稳定有序的伦理关系，在陌生人之间建筑起想象的共同体。

第一次进入湖广会馆，是参加一个湖北朋友的老乡会。那之前，对这座位于北京两广路南侧的中式院落全无概念，虽然金字招牌上“湖广会馆”几个大字十分醒目，却让人以为是个非请勿入的地方博物馆。直到坐在会馆“楚畹园”餐厅戏台上，吃着武昌鱼，听着湖广韵，才知道这座形式上古典的院落，其实一直承担着繁多的日用功能。清嘉庆年间，湖广会馆便已建立，近 200 年历史变迁中，从同乡会、试馆、侵略者的司令部，到革命场所、工厂、民居……它多次因地制宜得到利用，并侥幸在城市规划中得以留存。现在的湖广会馆是“新空间”：招牌崭新、油漆刺鼻、庭院中的亭台楼阁也都依功用重新设计取舍，看起来并不太古旧。但它绝不是虚有其表的“假古董”，依稀可辨的旧面貌下，往事的积累为当代城市空间填充了丰富的意蕴。不单单是这一处，北京宣南地区曾坐落着众多“会馆”，如今其中一部分得到了保护与修复。它们在传承城市文化脉络的过程中发挥了不可替代的作用。这些会馆以旧称谓和老地址延续着过往的旧符码，以全新的格局、用途和社会功能构建成当今时代的新空间。

一　旧符码——具象历史的见证人

在不断重新规划、翻新的当代都市里，时代主潮已无法主宰民族记忆，零散而淡泊的私人印象也不足以接续城市的脉络。虽然北京空间处处充溢着历史与典故，但许多过往却沦为宏大而模糊的印象。会馆以与历史相关的具象情节填充、连缀，使之成为城市清晰可感的轨迹。

明清时期，作为国都的北京城市范围日益扩张、人口密度迅速加大，成为一座综合型大都市。由于进京人员增加，会馆之类新的社会组织也随之诞生并壮大。会馆最初由客居京城的官员、乡绅自发出资组建，为本乡举子提供进京会试、复习备考的住所，是同乡之间相互帮扶、提携的地方公益组织，也体现出“达则兼济天下”的儒家精神理想，其主要目的是服务科考，也承担“祀神、合乐、义举、公约”[①] 等职能。随着社会的发展，会馆的功用也得到了延伸。

会馆组建的初衷是服务科考，由同乡显达者出资帮扶家境贫寒的试子。科举考试是明清普通读书人步入仕途、改变命运的途径。同乡之间的接济一方面解决了家境贫寒者的后顾之忧，另一方面也构成以地缘为媒介的文化与资本的互补。因此，会馆的经费虽多半由商人出资，主要目的却是服务科考，院落内文曲阁、魁星楼、乡贤阁必不可少。作为会馆业绩的科考成绩也常常在建筑上反映，如汉阳会馆的旗杆、湖广会馆的匾额，都是用来记录科举胜绩的[②]，作用大致相当于如今的“光荣榜”。会馆选址也首选曾有高官大儒居住者。如，湖广会馆曾先后为张居正、纪晓岚等居住[③]；顺德会馆坐落

---

① 王日根主编：《中国老会馆的故事·前言》，山东画报出版社 2014 年版，第 2 页。

② 王日根主编：《中国老会馆的故事》，山东画报出版社 2014 年版，第 32 页。

③ 石荣璋：《北平湖广会馆志略》，转引自胡春焕、白鹤群《北京的会馆》，中国经济出版社 1994 年版，第 157 页。

在编写《日下旧闻考》的朱彝尊故居。会馆常常联系起几代人。清代咸丰年间刑部侍郎李文安在任期间，热衷乡情事业，凑钱组建了庐州会馆。其每每遗憾安徽没有省馆，却因囊中羞涩而未能如愿。若干年后，为满足父亲遗愿，他的儿子李鸿章与其弟合力出资组建了安徽会馆[①]。会馆的建筑联系起父子兄弟，使用更是泽被几代人。从各地进京赶考的学子常常全家或几代都居住过同一座会馆。1910 年，胡适进京参加庚子赔款考试，住在绩溪会馆，并由此踏上留学美国的征程。1881 年，胡适的父亲胡传也是在绩溪会馆得中进士，外放做官。1912 年，鲁迅住进了绍兴会馆，而三十余年前，其祖父参加科考时也落脚在这里[②]。可想而知，对于自会馆走出的新科进士来说，这一段居住经历必然融合着浓浓的感激、信任和归属感。如果清王朝的统治依然稳定延续、科考制度持续进行，会馆将成为更多青年士子聚集，通过科考由家乡走向全国甚至世界的出发点，也会在更多家族史上留下京城会考的烙印。

这种代代传承、乡谊帮扶的传统使得会馆逐渐形成一股独特而不可小觑的势力。中国古代封建社会，官僚机构和国家力量并未到达乡村层面，宗族势力和乡绅参与社会管理[③]，体现着“皇权无为，道德自治”的儒家思想。在这一系统中，会馆可以看作地方与国家的中介，在社会治理和权力制衡方面发挥隐形的强力。“杨乃武与小白菜”案被称为“清末四大奇案”之一，在这一案件的反复审理过程中，会馆扮演着重要的角色。后人对此案件的关注多集中在小白菜的凄惨身世，杨乃武家人的不屈不挠，最终沉冤得雪大快人心等个体情节上。但实际上，一系列诬告、谎言、坚持和拖延的背后，还存在着朝议京官与地方势力博弈的内情。杨乃武的友人曾为其广泛传播案情并请求同籍官员施以援手。因此，当官司打到北京刑部大堂，浙籍京官齐聚会馆议事，并由汪树屏等十八名京官向都察院递交诉状，争取到了珍贵的复审机会[④]。在以原籍分派的清代官场，浙江籍举人杨乃武的命运已然被升华

① 参见方彪编著《北京的茶馆会馆书院学堂》，光明日报出版社 2004 年版，第 101 页。

② 王日根主编：《中国老会馆的故事》，山东画报出版社 2014 年版，第 8—11 页。

③ 参见秦晖《传统十论》，东方出版社 2014 年版。

④ 方彪编著：《北京的茶馆会馆书院学堂》，光明日报出版社 2004 年版，第 71 页。

为关系到浙系官员声誉的大事。其同乡，光绪的启蒙老师夏同善曾言："此案如不平反，浙江将无一人肯读书上进矣。"[①] 审案过程中，政府官员也分成两派，执掌地方大权的两湖籍实力派地方官希望维持原判；以江浙籍为主、通过科举进入政坛的京官则力主平反[②]。浙籍京官的坚持，一方面表达了对地方官目无朝廷的不满，另一方面也有顾全同乡、唇亡齿寒的私谊。

随着社会变迁，会馆的功能也日渐拓展。除了试馆、行馆等服务职能外，还不可避免地带上同人聚会和阶级分野的色彩。比如湖广会馆的建设主要是"苦于人海之浩瀚，情谊之难通，相率买屋宣南，以为乡人税驾问津之所"[③]，突出便民联谊性质；而由李鸿章等当朝大员资助的安徽会馆最初只接纳实权官员，"不以游乐、话叙乡情为主"，而是为维护朝中安徽籍官员的利益[④]，后来又成为高层官贵和富商巨贾的聚会地点。进入 20 世纪，战火频仍，看似坚不可摧的万里长城被轰开了豁口。在晚清飘摇动荡的岁月里，位于都城北京的会馆也不可能偏安一隅，越是显赫堂皇者越容易遭遇劫掠：1900 年，八国联军进入北京，占地面积居北京会馆之最的安徽会馆首当其冲，德军不仅将其占为司令部，还以有人危害安全为借口纵火烧毁了毗邻的大片房屋，"会馆西侧的兴盛寺古庙、八角琉璃井的学校也都化为灰烬……一片残砖碎瓦，触目惊心，莫可言喻"[⑤]。赛金花勇商德军司令德瓦西的义举应当就发生在此处；另一颇具规模的湖广会馆也被美国军队霸占。

会馆比家庭开放，又比府衙多了几分休闲和亲情，是一个半公共空间。它能够迅速在同乡之间建立起基于乡缘的紧密情谊，也是一个聚众议事的恰当场所，以其公共性质参与着社会事件。环境越是动荡，会馆就越开放、越趋向一馆多用，其公共用途就越凸显。清末民初以来，会馆除依然为乡人提供落脚之地外，更在不少政治事件中扮演了重要的角色：1882 年，康有为

---

① 《夏同善和"杨乃武与小白菜案"》，载《钱江晚报》2006 年 7 月 18 日。

② 纪录片《清宫秘档杨乃武与小白菜》解说词，http://blog.sina.com.cn/s/blog_48ba2387010002tx.html。

③ 瞿兑之：《湖广会馆志后记》，转引自王日根主编《中国老会馆的故事·前言》，山东画报出版社 2014 年版，第 2 页。

④ 胡春焕、白鹤群：《北京的会馆》，中国经济出版社 1994 年版，第 281 页。

⑤ 《庚子记事》，转引自胡春焕、白鹤群《北京的会馆》，中国经济出版社 1994 年版，第 281 页。

第一次进京入住南海会馆，十余年后，他的弟弟“戊戌六君子”之一的康广仁在此处被捕；梁启超的“饮冰室”坐落在新邑会馆，谭嗣同的“莽苍苍斋”位于浏阳会馆；1895年，康有为、梁启超一干人在安徽会馆组织“京师强学会”，酝酿了戊戌变法；1912年，孙中山在湖广会馆大戏楼发表了著名演说，随后召开大会，将同盟会等五政团合并——中国国民党宣告成立；新文化运动中，李大钊、陈独秀创办的《每周评论》设立在安徽泾县会馆；李大钊的“少年中国学会”则于1919年在浙江鄞县西馆成立。

在中国近现代史的漫长岁月里，一些历史人物和事件已然随着教科书进入每个中国人内心深处，而会馆则有幸成为他们的见证。今人回顾会馆，看到的绝不仅仅是抽象简单的社会组织和功能用途，更是以诸多会馆院落串联起来的人文和历史。在这里，遥远的时间变成精确的日期，宏大的事件变成令人击节扼腕的具体故事。

二　新空间——会馆用途再发现

旧时代过去，老会馆也成为新空间。它们一度被当作集散地、指挥所、报社、仓库、大杂院……在一次次辗转中，会馆地址未变，空间和用途却一再更新。

历史上有记载的会馆最晚于1938年建成，那之后，从社会到思想的革命一再席卷中国，会馆低调地退出了历史舞台。新中国成立后，类似职能由各地驻京办承担。驻京办是自上而下的国家行政分支，体现国家的渗透力，为政府机关服务，与作为民间宗族势力和人际关系产物的会馆截然不同。很长一段时间内，北京市的空间设置由意识形态主导，空间使用则模糊边界、混淆功能，许多会馆成为大杂院。当然，这并不是会馆的个体际遇，众多王府、名人故居，甚至寺庙道观等，一样难逃被行政单位进驻或拆散、搭建、重新分配的命运。直到20世纪80年代初，这种状况才有所改善，部分会馆被列为“文物保护单位”，逐渐清退居民，其中的建筑、设施等也得到修缮。在北京这个八百年古都中，绝不缺乏比明清时期的会馆更久远、更恢宏的历史遗迹。虽然已经成为“文物”，但会馆本身的历史不足以支撑其完全作为展示品闲置，而是必须谋求更加实际和多样的用途。特别是其以往的试馆、行馆等功能已被其他场所替代，重建的会馆面临在保留传统的基础上自我更新的挑战。

历史文化意义是会馆之类建筑的天然优势。作为历次城市规划中留存下来的幸运儿，会馆历经百年而依然健在，它们接待过前清显贵，掩护过革命志士，曾遭异邦盗匪蹂躏，也曾被底层居民挤占，是最称职的城市见证人，具备了“文化之都”北京所倚重的文化色彩。位于原宣武区后孙公园胡同的安徽会馆即如此。它“北起八角琉璃井，南止后孙公园胡同，东达厂甸，西与泉郡会馆为邻，坐拥 219 间半房屋”，一度因气势恢宏、占地阔大、人员显赫而号称京城会馆之冠。“清末徽班进京，三庆、四喜等四大徽班在京都立足，都曾借助安徽会馆，名角程长庚、刘赶三等常在此演出，谭鑫培也曾在此登台献艺。”[①] 我们知道，徽班进京是国粹京剧形成的重要历史条件，与湖广会馆、阳平会馆、正乙祠并称“四大戏楼”的安徽会馆戏楼无疑在戏曲文化史上扮演了重要的角色。安徽会馆建立在明清两代藏书家孙承泽旧居基础上，馆内的文聚堂、思敬堂、藤闲书屋、戏楼、神楼和花园等都堪称清代建筑的代表[②]。由于其在建筑、戏曲、地方文化交流等方面的意义，2006 年成为国家重点文物保护单位。虽然已经得到重视和修缮，安徽会馆戏楼却再也没有重新响起锣鼓声，它始终湮没在大杂院的重重包围之中：“正院门口的石狮子已遭毁损，曾经气宇轩昂的朱红大门只剩左侧半扇，右半扇被改造成民房南墙。会馆西院被各家搭建的厨房、储煤间等分割得支离破碎……”[③] 虽然原宣武区曾经试图将其打造为梨园文化示范区、国粹京剧体验场所、徽文化传播基地等，却由于腾退任务艰巨而推进缓慢。这些深陷于居民生活中的老建筑，大都面临着类似的尴尬境地。不过，也许可以从另一方面来看待：文化本身就是一种神奇的力量，是足以令人面对一堆废墟、灰尘就生发出无限想象的力量。如今的都市里，散发着油漆味的、光可鉴人的复古空间已经司空见惯，越是破败无用，才越显得真实。面对安徽会

---

① 《北京安徽会馆戊戌变法策源地》，载《北京青年报》2005 年 4 月 13 日。

② http://baike.so.com/doc/6176597.html.

③ 周超：《安徽会馆腾退住户“进退”两难》，载《法制晚报》2010 年 1 月 18 日。

馆，再复原当年的格局已经没有太大必要，它参与和见证的时代本身就是文化，就让它夹杂、隐藏在当代都市生活中，尽管不够体面堂皇，却能激发不一般的想象力，化腐朽为神奇。

图 1　安徽会馆效果图

湖广会馆的重建比安徽会馆简单许多，它的再利用经过了从文化到消费再到文化消费的探索。坐落在骡马市大街东口南侧（虎坊桥以西）的湖广会馆，在面积、形制等方面虽然略逊安徽会馆，但在名气和文化功用上却堪与之匹敌。1984 年，它与安徽会馆同时被列为北京市文物保护单位。由于位于新规划的“两广路”南侧，临街的地理优势使其搭上市政改造的顺风车，成为北京按原有格局修复并对外开放的第一所会馆。修复之初的湖广会馆突出公共文化服务性质：1996 年，大戏楼对外开放，其中的“戏曲博物馆”成为北京市第一百座博物馆。同时，作为“国民党诞生地”，湖广会馆还突出“爱国主义”主题，成为青少年团体参观的教育基地。对外开放“楚畹园”餐厅，是湖广会馆的又一特色。会馆名头之下的地方口味区别于一般饭店，带上了经典正宗、当仁不让的气势。每晚的戏曲演出在复古建筑的雕梁画栋下开场，顾客在用餐、喝茶、听戏的过程中，同时体验饮食消费和文娱享受。这种探索伴随消费文化在北京的起步和发展，不仅意味着会馆的功能拓展，更为即将到来的文化产业化潮流形成示范。诚然，作为文物、博物馆、教育基地的湖广会馆能够获得政府资金投入；但在革命遗迹众多、博物馆如林的北京，是满足于“第一百”的排名，以服务票友和学生等既定对象为目标，还是跳出套路，进一步开掘自身资源？在不断尝试中，湖广会馆成为北京南城一项特色旅游资源，以其集文化和消费于一体的特色焕发了活力。

图 2　湖广会馆

与以上两座根基深厚、身家显赫的老会馆不同，台湾会馆的好时代在21世纪之后。台湾会馆最初叫“全台会馆”，由我国台湾进士施士洁在福建同乡会帮助下兴建，建成后很长一段时间都由福建会馆代管。早先的台湾不过是福建下辖一个海岛，在全台会馆逗留过的台湾地区进士总共也不过7人，这座会馆无论人气还是实力都很不起眼。除《闽中会馆志》外，连相关文字记录也极少见到。可以说，新中国成立前的台湾会馆籍籍无名，即使到了1984年安徽、湖广会馆得到重视和重修时，够不上“文物保护单位”资格的台湾会馆依然只是个大杂院。直到两年以后，为“使北京台胞有一个接待海外人士的专门场所”，台湾会馆才被交给北京市台湾同胞联谊会，1993年恢复为纪念场所[①]。但那时，谁也想不到，混迹于前门众多小摊位、破平

① 胡春焕、白鹤群：《北京的会馆》，中国经济出版社1994年版，第111—112页。

房中的台湾会馆会迎来怎样的辉煌。2005 年，为迎接北京奥运会，天安门广场南侧延伸地段的前门一带开始大规模改造，台湾会馆得到重新规划，一举将相邻的云间会馆（原松江会馆）、福德禅林兼并，面积从 500 余平方米激增到 3900 平方米。新台湾会馆帆船式的外形气势恢宏、间杂着透明玻璃的青砖墙壁将古典和现代熔于一炉。除院落外，会馆西侧延伸出台湾风情街和阿里山广场，出售特产和小吃，成为前门区域重要的游览场所。虽然在外观上成为“景点”，但台湾会馆却不是完全的公共场所，时常因接待或举办活动而闭馆。较之安徽会馆、湖广会馆发掘文化功用或是探索商业路径，台湾会馆的半开放性质倒是十分符合与地域密切联系、有选择性地服务地方的“会馆”初衷。但是，历史上的会馆是完全民间的，乡人投资服务乡人，不接待外人情有可原；而如今台湾会馆的重建则带有政治倾向和统战意味，以全民资金的慷慨投入服务于个别地方的做法，完全背离了会馆本身的乡土温情，成为一种带有政策示范性质的官方表态。

图 3　台湾会馆

20 世纪 50—70 年代，会馆被大杂院居民占据，空间被日常生活填塞得满当当；80 年代，会馆贴上“文物”的铜牌，空间被腾退保护得空荡荡；90 年代以后，会馆各行其是，我们看到这些空间的再度启用和意义更新。会馆开始发掘自身新的意义，无论是文化、商业还是政治意义，它们以积极的姿态参与着当代都市生活。会馆的内涵、功用和公众印象都随之改变，会馆成为真正的新空间。

三 意义填充——地缘、伦理构建想象的共同体

从功能上看，试馆已被密集的考前培训班替代，而行馆需求也由驻京办或快捷酒店等满足。从经济上说，老会馆大多位于内城，在寸土寸金的都市中心保留大量空阔的明清建筑，对空间利用似乎不够。从形态上看，虽然修旧如旧，但它们已都镶进最新北京地图，以新面貌获得了构建都市新空间的合理性。为什么还要延续“会馆”这个已经不符实际的旧符码？新空间与旧符码之间的结合点在哪里？不妨循会馆利用旧符码赋予空间新鲜意义，从而填充并丰富着城市这一路径展开思索。

会馆有利于减少都市人之间的陌生和疏离感，以熟悉的概念增进公共认同。中国曾经历数十年严格的户籍管理，直到近二十余年才开始较为自由的人口流动，大量农民工涌入城市。无数青年被裹挟进这一潮流，读书、求职、寻梦……无论出于从众还是上进，他们遗弃了原有的故土，试图成为大城市的主人。飞速扩张的都市人群彼此陌生，他们在都市工作、打拼、生活，但其根基、血脉、亲戚都在某个遥远的“故乡”。从各地集中到城市的他们，为异质、混杂的都市大众文化贡献了自己独特的一部分，却并不喜爱这种杂糅的都市文化，而是动情地吼着秦腔，哼着黄梅调，到处寻找正宗的“热干面”“臭鳜鱼”，一听到乡音就迫不及待地用方言攀老乡……诗意的乡情寄托在遥远的某个地方，会馆则可以将它转换为具体对象，为这种寄托找到着落。虽然是都市新空间，会馆的情感渊源却在于农耕文化所传承的那种安定感。往来会馆的人群虽然互不相识，却是“老乡”，在食物、特产和乡音酿造的特殊气氛中，他们相互有了亲近感，在会馆中结成短暂的联盟，以弥补疏离家园、势单力薄的情感缺憾。

会馆以传统元素为当代社群重新定位，它建立起秩序，将都市杂乱无章、陌生而松散的职业化人际关系转化为长幼有序、根脉清晰、渊源深厚的伦理关系。现代组织的理想化状态由一群相互之间没有宗亲缘故、裙带关系，只有合理知识结构和行为能力配比的人结构起来。由于缺乏确定性联系，这群人可以被随意定义：可以依据单位性质分为公务员或是国企、外企

员工，可以依据职业分为蓝领、白领，可以依据专业分为IT人、广告人，甚至可以依据空间分为写字楼人、商场人、酒吧人……他们的关系由共同都市里的共同目的联系，来源于现代经济生活：在职业流水线上，各个环节依靠流程衔接而非具体的个人能力。由此，个性、情绪、情感都被排除在外，有血有肉的个人被排除在理性之外，成为随时可被替代的元素。元素之间的关系是如此简单、虚弱和不稳定，因而欠缺行动能力和凝聚力。而伦理关系则不同，它使人亲缘有序，在松散的都市结构之外建立起饱含情感和人际关系的多元社会团体。会馆就是使单纯职业关系转化为伦理关系的渠道之一。它所基于的地缘关系来自漫长的家族宗亲系统以及地域文化所带有的安定感。因此，会馆与作为政府分支的驻京办不同，其性质不是行政接待；也与单纯的特色饭店不同，其消费呈现情感色彩。在会馆中宴客，对外地人是展示家乡文化，有类似于请进家门的热忱；对同乡是攀亲叙旧，以亲切和熟悉的氛围唤起共同记忆。

当今中国虽然飞驰在现代化的轨道上，但千百年农业文化的家族、宗亲系统，使“乡情”在众多国人心目中仍有沉甸甸的分量。会馆组织是人际关系的新发展，在都市人群中构建起想象的共同体。早先的会馆是封建社会中宗族势力以乡缘、亲情等对于个人的帮扶、约束和牵制。从理论上说，这种“同乡会”形成群体对弱者的保护，有助于地方人员文化水平的提升和乡土文化的输出。在都市众多的无根人中，会馆像一张意味深长的名片，以家乡概念附带大量背景信息。地域文化的同质性反映出一个人的生活习性、日常偏好、文化倾向等。它们成为攀老乡、拉近距离、迅速建立可信任的人际关系的纽带。如今，重新设计和利用的会馆虽然是新空间，在形象和功能上已与早先没有太大关系；但在沿袭旧称、追溯历史、发掘意义等方面，它们又在不停地启用着旧符码。新空间产生新经验，培育新的人际关系；旧符码则召唤旧记忆，使人际关系具有根源和稳定性。这些新空间并非实际的活动场所，而是为满足建立认同的需求；而熟悉的旧符码就是这种认同感的重要来源。会馆在地域色彩逐渐消失的当代大都市里重构了基于同乡的温情想象，在这种想象的基础上，一个共同体建立起来。

改造和衍生远比创造意义更加容易。因此，历史和记忆是空间需要赋予意义时最便于利用的资源。由传统、典故、口述史之类的旧符码标记的新空间瞬间丰满。现代生活的快节奏不容许个人记忆缓慢积累并延续下来，私人记忆被冲淡，不足以接续想象的脉络，整个城市的历史更因宏大而变得模糊。会馆所包含的地域、语言、风俗、习惯等具体内容，就是填充，连缀历史和当下，使之清晰可感的元素。在这里，我们看到了新空间利用的逆转——从由空间衍生意义转变为由意义生产空间。都市膨胀的一个表象就在于扩张。在有限的旧地表上，推倒、粉刷、重建老建筑，以高耸的楼宇替代平面的院落。这些突然间拔地而起的空间难免带有疏离感，而会馆则提供了以旧符码充实、柔化新空间，在原有意义的基础上进行空间生产的模式。

新空间背后是当代都市文化、消费等多种需求的综合，旧符码的使用是为新空间找到意义的依据。二者的结合使当今的会馆获得了以历史景观、地方文化、情感归属甚至虚拟政治符号来填充城市的能力。地方文化是一个包容驳杂的概念，在真正产生记忆的年代，它不可能单纯明晰，而旧符码的运用难免使之简单化和符号化。如今，大量都市新空间需要援引历史记忆。当我们站在历史的后端对文化记忆进行归纳、整理和运用的同时，在以意义的增值丰富城市的过程中，必须避免以后来者、制造者的强势地位对旧符码的随意利用和扭曲。

空间消费和意义生产

什刹海:京城贵地的时尚变迁

什刹海区域是北京内城新兴的休闲旅游区。2000年左右，什刹海还只是一片交通不太便利的内城居民区，但短短两三年间，它就从一个普通居住区转变为集娱乐、购物、旅游于一身的多功能城市休闲区，并获得了“中国最美城区”的称号。回顾其转变之路，可以看到这一都市新空间在生成和转变的过程中巧妙运用了以下几种途径。首先是迎合了国人观念的转变，把“旅行”从对景点的参观转变为对闲暇的享受。其次是在消费文化主题下的包装策划，突出区域的日常化、时尚化及其与传统的关联性。最后是同质化中显优势的思路，一方面不排斥全球化的流行元素，一方面以差异化的地方内涵使自身成为国内、国际友人都乐于接受的景点。

在北京寸土寸金的二环线内，有一片难得的“贵地”——早春夹堤杨柳，夏日盈水荷花，秋季碧波荡漾，冬天银装素裹，风景美丽如画。它旧时曾是王公贵胄的居所，身份高贵神秘；如今则是城区休闲旅游中心，地价金贵无比。这片“贵地”，就是位于北京西城区的什刹海。古代什刹海曾是豪门居处，看周边地名就能知道：醇亲王府、恭亲王府、南北钱串、大小金丝、南北官房……要领略老北京建筑“门当户对”的形制，在什刹海周边保存下来的胡同院落里能看得最为完全。

岁月无声流转，曾几何时，这片昔年王公府邸的屋檐，已然为寻常百姓家的燕雀停留。在现代化的都市北京，人口迅速聚集，地皮逐渐紧张，在城市中心保留这么一大片低矮的民居，看起来并不“划算”。北京内城道路、房屋，压力日盛的城市交通呼唤改造——从京城北二环向南，能到达长安街的道路非常稀少。对于需要速度的信息化大都市来说，连北海、景山等文化古迹都成了顺畅交通的障碍，更不用说占地颇大的什刹海水域。随着北京都市空间的改造，二环里的内城大兴土木，不少旧院危房被拆除兴建小区，许多狭窄只容步行的胡同被打通成车道，旧城区改造的步伐逐渐逼近。尽管如此，推土机的大手却绕过了什刹海的小平房。这里不仅没有“旧貌换新颜”，反而被小心翼翼地圈起来成为保护区；错综复杂的小胡同口立起禁行标志；低矮的门面房修葺一新，昂贵的租金甚至比得上宽阔敞亮的大商铺……

为什么什刹海能得到如此优厚的待遇？城市规划者和专家、学者看出了这里独特的优势：悠远的历史韵味、丰富的文化资源、独特的自然景观使这里完全有实力将旅游资源和经济增长两方面结合起来。正是与现代化摩天大厦的明显对比造就了这里古老矜持的氛围，正是开阔水面的大片留白为城市营造出了层次感。这种“不经济”，使什刹海显得卓尔不群，拥有与众不同的高贵身价。经过严密的城区规划建设论证，什刹海地区被列入北京市25片历史文化保护区，按“统一规划、合理开发、严格保护、可持续发展”[①] 的原则，进行大规模的整体维护改造。几年修缮保护的努力中，什刹海不动声色地一步步转变，逐渐成为开放型主题城市公园、时尚京城旅游的特色景点。

一　什刹海——中国最美城区

2005年10月，《中国国家地理》杂志刊登“中国最美的地方”排行榜，北京什刹海地区荣膺“中国最美的五大城区之一”称号。中科院院士、清华大学教授吴良镛先生对这里的评价是：“什刹海地区比较好，整个景山以北，没有大的破坏，新建筑或大建筑较少，基本保持着传统面貌。”[②] 无独有偶，在中国人民大学社会学系等多个部门联合进行的北京市宜居指数调查中，什

① 《北京旧城25片历史文化保护区保护规划》，http：//www.bjww.gov.cn/2004/7-27/3073.html。

② 《中国最美的地方排行榜：中国最美的五大城区》，载《中国国家地理》2005年第10期。

刹海街道以地处市中心便捷的地理位置、完善的生活配套服务、丰厚的文化、良好的自然环境获评为北京人目前最理想的宜居场所[①]。

虽然号称“中国最美”，但什刹海并非一向这般风光。20世纪80年代它是公共游泳池，夏天挤满了光膀子的大人和光屁股的孩子，沿水一溜儿低矮破旧的房屋，虽然热闹，却毫无美感；90年代它是平安大道改造工程的亲历者，紧邻一路拥堵和灰尘，湖面笼罩着蒙蒙的尘霾，湖水凝固着抑郁的灰绿。而如今，除了后海北沿那一排新葺的青砖朱门，大部分湖边小院依然灰暗朴素，院子里的人也都普普通通，日复一日地继续着缓慢而平凡的生活。一切看起来似乎没有什么两样。究竟是什么力量让它突然身价倍增，竟然在拥有众多皇家园林的北京脱颖而出？什刹海的自然景观虽然美丽，但远远赶不上北海、故宫、颐和园，也无法比拟南方城市的四季常青。也许是成功的包装策划帮助了什刹海：只用一些小小的改动，就使它焕发出无穷的魅力；只是修缮和保护就能让它从平常地变成风景点；水畔的特色酒吧使它登上时尚类杂志的首页；湖边的王府寺院引得外地乃至外国游人纷纷聚集到这个几年前还籍籍无名的地方。

图1 最美城区

① 朱鹰：《北京产生首个“宜居指数”最理想居住地在什刹海》，载《北京青年报》2005年8月31日。

从平凡到“最美”，什刹海的变身可称神奇。它的转变原因众多，但根本在于它已经不单纯是具象的区域，而是一个“第三空间”。当象征意义超越使用价值，事物便带有艺术品的光晕，不能再以寻常眼光衡量。美国人文地理学家苏贾（Edward W. Soja）“第三空间”的理论较符合它的特征。他将具体可感的物理空间称为“第一空间”或“真实的空间”，将人们依据现实构想出来的空间，例如文学作品中的空间称为“第二空间”或“想象的空间”。第三空间不同于以上二者，它并不与某个静止时间点联系，而是一种结合了历史、文化等多元维度的空间认识方式。“（第三空间）是一个有意识的灵活的尝试性术语，力求抓住观念、事件、外观和意义的事实上不断在变化位移的社会背景……‘第三空间’同样可以被描述为一种创造性的重新组合和拓展，它的基础是聚焦于‘真实’物质世界的‘第一空间’视野，和根据空间性的‘想象’表征来阐释此一现实的‘第二空间’视野。”[①] 第三空间拥有无穷诠释的可能，因而为不同人提供不同的想象余地，焕发出品味不尽的魅力。依据这种观念，可以把如今位于西城区的什刹海看作其第一空间；将文人墨客笔下、影视作品中呈现的什刹海看作第二空间。而作为综合观念的什刹海，既是古老的，又是现代的；既是怀旧的，又是时尚的；既是贵族情调的，又能容纳百姓的乐趣，正好为所谓“第三空间”提供了案例。因此，对什刹海的任何一次阐释或解读都是第三空间的体验之旅。

这是一场奇妙的旅程，它含蕴丰富，变动不居。游历其中，能够体会到中国人对旅行、闲暇观念的历时性改变；也能观察到当今中国主题包装策划、彰显民族特色的功力。全球化风潮席卷各地，作为国际都市的中国北京自然也不可能故步自封，但它却在改变的过程中，化“同质化”为安全感。以什刹海为代表的新兴旅游区在未失去自身优势的前提下，通过同质化元素和差异化内涵使自身成为国际、国内友人都乐于接受的景点。

---

① 苏贾：《第三空间——去往洛杉矶和其他真实和想象地方的旅程》，陆扬等译，上海教育出版社2005年版。

二 观念转变中的什刹海

“我们中国人是最怕旅行的一个民族。”梁实秋曾经在散文《旅行》中这样感叹。的确，曾经的旅行非常辛苦，梁先生以他那特有的不动声色的幽默笔调控诉了那个时代“五花大绑的铺盖卷儿”、衣帽自看的舟车劳顿、“只有神仙和野兽才受得住的孤独”等种种说不尽的苦楚。往上推千百年，旅行更不是什么乐事，古诗中凡提到“羁旅”“宦游”，大多是凄凉的调子，即便不是“好收吾骨瘴江边”的悲叹，也会有“儿女共沾巾”的辛酸。像“未老莫还乡，还乡须断肠”的句子，不仅要有“春水碧于天”的天时，“人人尽说江南好”的地利，“垆边人似月”的人和，恐怕还要有几分时世所迫的无奈。尚不发达的交通使得空间距离遥远得难以逾越，想象中通往异乡的道路叵测漫长。“父母在，不远游”，旅行不仅是一个人的见闻，更是一家人的牵挂。中国古代因陶醉在旅行中而闻名的，只有一个徐霞客，而他能够频繁出游，也是因为有一位大方爽朗的母亲。人类的步伐太小，世上的道路太长，距离总和时间相联系，所以说到去往异乡，短则一别经年，长便生死两茫茫……

雅舍中的梁实秋的确活画了当时的世情和国人的心态。然而他不曾想到，短短几十年后，他认为理所当然令人畏惧的“云间穿梭”竟成日常出行的主流。地球上空间迅速缩小，“80 天环游地球”只嫌太久，远游不再与死生契阔有什么关系，固守一方水土是“没见过世面”的代名词。科技的发展使旅行逐渐拥有了舒适的物质条件，从受罪转为享受；而态度的转变更使旅游成为人们所热衷的消费方式。如今的太平盛世里，旅游成了时尚。越来越充裕的私人时间让人们有了闲暇，也有时间去消费闲暇。开阔视野、增长见识的旅游变成了品味绿色生活的代名词。名胜古迹、名山大川接待的游人日益增加。无污染、可持续、进入门槛低的旅游业兴旺了起来。

随着对生活质量要求的提高和阅历的增加，那种直奔景点“到此一游”的旅行方式渐被淘汰。风景点除了作为照片背景，还担负起传授知识、寓教于乐的作用。众多城市拓展新的游览观光项目，“战国城”“三国城”等主题公园项目纷纷上马，有景点的卖景点，没景点的挖历史、卖文化，实在都缺乏的，则开拓文化产业链，以创意为主打，制造全新旅游概念，争取成为当代名胜。

郭少棠在《旅行：跨文化的想象》一书中，对现代旅行研究进行了梳理。书中引用麦克肯奈尔（MacCannell）的观点，认为旅游是反映现代化过程的一个例证。他把现代游客看作一个有闲阶级，并预言工业的社会结构在将来会转变成“后工业的”或“现代的”社会，在那样的社会里，休闲代替工作成为现代社会安排的中心[①]。如今，“后工业社会”的提法早为公众耳熟能详，麦克肯奈尔在1976年的预言也已经实现。人们的观念变得那么快，为了增长见识而赶场般地朝拜风景转眼已经落伍，将品味风景和休息闲暇结合才是有闲阶级的时尚。非功利性的休闲成为主题。非实物消费成为身份界定和生活态度的象征，人们希望通过差异化消费、与众不同的经历，提高身份地位。轻松、闲适的旅游虽然花费大量金钱，但能赢得心理满足，积累精神财富，正符合非实物消费需求。

什刹海游览是一种纯粹的休闲，其魅力就在于能为人们提供别样的乐趣。什么叫“别样的乐趣”？那就是消费时光。即便是再平凡不过的普通人，到了这里也有能力拥有最奢侈的消费品——时光。这种闲适平静的心态，最切合当下的时尚。喜欢耽在什刹海的人并不在意什么标志性景观，而是在品味一草一木、一砖一石的韵味中任时光慢慢滑过。什刹海的主题是休闲，徜徉在这里的人不是大包小包、囫囵吞枣的异地观光客，也不是当代都市里忙忙碌碌、疲于奔命的小白领，更不同于古代朝服顶戴约束下战战兢兢的贵胄公卿。他们是慵懒悠闲、深得都市三昧的雅痞，永远能在城市中找到最舒适的秘密所在。即便无法真正远离尘嚣，也可在这里“偷得浮生半日闲”，暂时卸下焦虑和重任，投入北京这片难得的开放水域，喝喝茶、听听歌、看看水……

从惧怕旅行到以旅行为炫耀方式，从增见识、长知识到毫无目的地享受闲暇，追逐时尚的人们永远推动城区形态的发展。什刹海踏着新时代的脉搏

---

① 郭少棠：《旅行：跨文化想象》，北京大学出版社2005年版。

规划包装，自然轻而易举地成为都市人心头所好。

三 策划包装中的什刹海

如果说什刹海的身价完全靠炒作包装，那还真有失公允。但在这片水域羽化成蝶的过程中，规划和设计却起到了很大的作用。在消费社会的大背景下，打造新的消费旅游区颇费功力。在自然风光拉上围墙，人造景观不断上马，纷纷以旅游风景区之名大肆创收的当代，改造景点必须突出特色，慎重着手，以免弄巧成拙。变化太少，还是寻常样貌，无法刺激消费欲望，难以维系景点生存；变化太多，难免带上铜臭，糟蹋了好端端的风景。景观制造是一个因势利导的过程，要把握好其中的分寸。在这方面，什刹海可以说是一个成功的例子。

想成为旅游景点，首先要有得看。什刹海的改造工程，自 2000 年开始，清理河道、种植荷花、拆除违章建筑、修缮名人故居、保护寺院道观……挖掘出了不少有韵味的看点。其次要有配套设施。在改造过程中，西城区在什刹海周围设置了停车场、公交车站，并将人力三轮车作为胡同游项目之一引进，既可为湖边游人代步，还让人想起“骆驼祥子”等老北京文化，多了几分老北京风情。由于什刹海不收门票，通过吸引游人消费创造旅游经济增长点是必需的。什刹海边一溜色彩缤纷的酒吧、古意盎然的饭店、烟袋斜街鳞次栉比的小商铺，正是活跃经济、贡献利税的积极参与者。

好看、好玩、交通方便是景点的“硬件”，而对于当今阅历丰富、博闻广见的游客们，如果没有特色的“软件”，还是难以留住他们匆匆的步履。赋予什刹海旅游人文意义，使一次什刹海边的散步能够成为时尚人士之间的谈话主题，这才是旅游点的“软件”。到北京，“天安门前留个影”“不到长城非好汉”……那是 20 世纪 80 年代的热点；而秀水街淘外单、三里屯听摇滚，也已经不再时髦。翻开装帧精美的时尚杂志，它们能告诉你如何第一时间把握一个城市的私房脉搏。在北京庄重、大方的政治文化中心头衔之下，私房的小情态就是槐花飘香的胡同、热情洋溢的四合院、高贵神秘的王府。而这一切，都聚集在什刹海周边。捧着时尚都市的探访秘籍，你踏入了老城迷宫一般狭窄拥挤的胡同，旧砖墙、破瓦房，斑驳的石鼓记录了岁月的沧桑。你一遍遍找寻过往的足迹，一抬头原来已在“百花深处”……多么美丽而耐人寻味的一段行程，你品味，你分享，你上网写博客，殊不知，你所做的一切，正是在为什刹海的“软件”加分。

什刹海旅游讲究亲切和休闲。它是北京城内唯一一片较具规模的开放水域，具有成为旅游景点的天然优势，因而成为时尚消费者消磨时光的好去处。人类一向亲水爱水，这既出自本能的需求，也源于情感的寄托。自然形态的外物逐渐从生存所需的地理风貌，变成了慰藉心灵的精神伴侣。所谓“山水有灵”，有水的地方，大多成了风景名胜。且不说“浓妆淡抹总相宜”的杭州西湖，“日照香炉生紫烟”的庐山瀑布，就连我们习见的长江黄河，也曾频频触发诗人的豪情，留下“孤帆远影碧空尽”“黄河之水天上来”之类的佳句。然而对于北京什刹海这片难得的湖泊，却少有人抒发诗情。从金代有记载至今，它的名称几经更改，规划用途也数度变迁，它与百姓生活息息相关，却鲜少值得玩味的诗句。究其原因，是什刹海的自然风光不够美吗？再寻常的风景，如果得诗人画家青睐，也不会不堪入目。能够入诗入画的景色大都很美，但《西湖梦寻》之所以流传，并非因为张岱笔下的风景动人，而是文章里鲜活的人情：那些探访、夜游、唱和等活动的描写融入了作者的玩味和情感。难道是什刹海不够生动，缺乏“人气”？作为京城水路的港口，漕运的集散地，这里一度十分繁荣，人烟鼎盛，也曾是文人雅士集结的所在。说到底，也许只是这片水太过平凡，没有开阔的水面，不见浩瀚的波澜，最广处两岸人影也依稀可辨，最狭处更不过窄窄一弯。就像时下新词“氧气美女”，大家都喜欢它、离不开它，却也总是第一个忽略它。过于亲切和简单的什刹海对于游人来说，既无视觉冲击，也无体力挑战，更不曾有人为它赋予阔大、包容等形而上的意韵。

什刹海是平民的栖息地，是日常生活的乐园，宛如抬头不见低头见的邻家女孩，笑得十分清爽。与其为它披上华丽的外衣，不如承认它的平凡。在“非典”狂潮席卷京城之后，因为通风爽快的缘故，什刹海沿湖的露天酒吧成了对密闭环境心怀余悸之人的聚会首选。惯为皇城的北京规划中总离不了庄严威武，但作为百姓的栖居地，它正统坚硬的色彩也需要柔媚的中和。什

图 2　漕运古迹

刹海水域的珍贵凸显了出来：它虽然姿色平常，却也清秀可人；虽然缺乏显赫历史，却也有些故事。它贵有王府，贱有百姓，仙有寺院，俗有商贾，无论从自然还是人文角度都具有多样可读性，完全具备吸引大众目光的资质。随着个性化审美需求的增加，精神消费成为身份分化的维度，越来越多庸常之物褪去实用色彩，披上美学外衣。古老朴素的什刹海在人们的反复咂摸下成为一颗咸酸的梅子，水面蒸腾的雾气勾起江南烟雨一般滋味无穷的情调。平凡的它，正因其平凡而具备了无穷可塑性；正因其没有意义，才更容易被赋予意义，观念的转变使什刹海一跃跻身时尚旅游消费区之列。

包装策划什刹海形象的过程，是抛开平庸，将顽石锻为璞玉；是挥毫点染，把瑕疵变为俏色。现代社会善于把平凡的东西神奇化，就像曾经不为人道的什刹海，不经意间应和了人文、历史、传统、民族、亲和力的大环境，透露出多重意义，成为完美的后现代第三空间。

四　同质化中显优势的什刹海

全球化和地方性的融合是什刹海以及许多当代景区的特点。“越是民族的就越是世界的。”自从马尔克斯为拉美小国哥伦比亚赢得了世界性大奖后，这句话被人们奉为真理，无数次地重复并积极实践。对什刹海这种以保护老城区为目的而在原有基础上改造的景点来说，最容易也最贴切的就是打民俗牌。空间位置的不可替代给了什刹海独特的优势，弘扬京派文化，营造鲜明的地域色彩是出发点，而与世界接轨，让各国的游客宾至如归也是必要的手段。听听古老深宅大院的故事，问问当代豪门望族的传说，成为什刹海游览的独特收获。虽然日常起居像民间艺术一样有价值，但现代化的节奏也没有疏离。“雕栏玉砌应犹在”，推开朱门，百年前的空间里经营着无线网吧；华丽的民俗外墙下，空调室外机压抑着刺耳的轰鸣……生活在景点中的人是展示休闲理想的促销员，生活细节将消费化有形为无形，商铺只是配套实现交易的一部分。这里不吝大牌，也不屑媚俗，因为消费者已经脱离经济体制下忙碌刻板的职员身份，变成了游荡的闲人；而销售者也不是原始积累时期唯利是图的小商人，而是什刹海故事的编剧。人在与情境的协调中得到了最大的满足。

面对逐渐被重新发现和认识的什刹海，曾有人撰文哀悼：“后海沦陷了，使它沦陷的是我们。”在香港作者廖伟棠笔下，约略地记录了这里的转变：“以前的后海，是个保存着老北京风貌的胡同居民区，数年前有一个商业摄影家发现了它的商业价值，先替它出版摄影集，接着开办胡同文化旅游公司，把后海炒热了。接着有名‘老白’者开了后海第一家酒吧，此后湖边两岸酒吧陆续增生，刚尝到夜生活之美好的时尚杂志撰稿人们皆挥笔歌颂：这是北京另类的后花园。现在的后海几乎沿湖的民居都被改建为酒吧或餐厅，那天未黑就坐在门外凉伞下作沉思状的，多是时尚杂志编辑和他们的艺术家朋友，其余的，则多是想接近前者‘波波族’生活的享乐主义者。沸沸扬扬的后海，成了一个所谓懂得另类文化生活的新人类展示自己的最佳舞台。”①

幽静的水域躲不开喧哗的时代，同质化是大工业背景下自然风貌转变的必然趋势。走在海边，我们会发现，尽管有京腔京韵的文化底蕴，有朱门碧瓦的中式建筑，有恭亲王、醇亲王乃至宋庆龄、郭沫若等名人遗迹，种种景

① 廖伟棠：《三里屯的“重光”及后海的“沦陷”》，载陈冠中、廖伟棠、颜峻《波希米亚中国》，广西师范大学出版社 2004 年版，第 120 页。

图 3 寂静的水域与喧哗的时代

观共同营造着不寻常的空间气氛，这片水域依然给人似曾相识之感。林立的酒吧门前，巨幅“BUDWEISER”灯箱向游人散发着熟悉的啤酒味，挂着红灯笼的画舫上，古装歌女一张嘴竟然是刚刚打入排行榜的港台歌。高度同质化的景观设置、通用的广告语言和我们在北京的三里屯、香港的兰桂坊、新加坡的 CLARK QUAY 看到的一模一样。失落吗？乏味吗？不！不用问湖边的游人，只看看这些酒吧中络绎不绝、衣香鬓影的时髦男女，就能得到答案。逃离朝九晚五的写字楼，却绝不是要做个独行特立的恨世者，脱下职业套装，换上低胸晚礼服，都市里渴望休闲的男女，其实走到哪里，他们的伙伴和帮派都一样，期待的视野也一样。要个性化，要新鲜感，要有垄断资源的快感，但绝对不是没有对白的孤芳自赏。因此，适合他们的旅游点，是在共同认识的基础上适度地重新排列。在百变的外形下，同质化的内核是广泛受众的基础，现代人在劳碌的工作之余，不需要智力的挑战，而乐于接受一种能够凌驾其上、易于把握的休闲方式。这种喝喝小酒、吟诗听唱的湖畔小栖便成了都市休闲的新宠。

虽然略嫌平白，但同质化也有它的优势：对于本地人来说，同质化是交流的基础；对于异乡人，同质化甚至是安全的代名词。如果说见多识广拓展了当代人的胆量，那么对陌生事物的恐惧其实从古至今一直存在。安全感来自对环境的了解和把握。面对陌生城市里异样的口音，被排挤的落寞涌上心头。人们感叹都市的钢筋水泥丛林似乎在与人对峙，但他们到了异乡却依然要选择千篇一律的大厦入住。同质化意味着保障。就好像任何时候打开可乐罐，喝到的都必然是棕黑色的气泡饮料。人们在陌生的环境中宁愿选择较容易把握的对象。同质化的对象比较能配合心理预期，虽然知道它不会有多么好，但起码也不会太糟。著名的商标是世界通行语言，一般等价物更逻辑鲜明地填平各地差异。人们不希望用金钱买到一切，但在以金钱为尺度的社会中，事情无疑简单得多。特色品质言人人殊，区别仅仅在于价格。因此，适合当代都市人的风景区，是在对消费话语共同认识的基础上，按照所需费用的多寡进行适度重新排列。百变的外形下，标准化、同质化的内核是广泛受众的基础，它来自对环境的了解和对支出的把握，其内容能够恰当地满足心理预期。

五　京城贵地与时尚街区

融合传统与现代，混搭地方与国际，发挥同质化优势，成为什刹海安全系数的保障。什刹海将时尚的旅游和消费结合起来，得到了公众的认同：前几年还是危房的，如今做了铺面；塞满贩夫走卒的大杂院，标上了历史古迹的招牌；大字认不了一箩筐的胡同人，竟然咿呀地跟洋人搭讪英语……虽然贵族已经湮没于滚滚红尘，但这里的地价却日日攀升。封建社会的等级和身份被市场竞争中的价格改变，虽然经历了天翻地覆的革命和变迁，却统一在一个"贵"字上。

过鼓楼，穿烟袋斜街，逛荷花市场，到后海，整个什刹海游览路线走下来，尽收眼底的，不仅是自然景观，还有层出不穷的人文与消费形态。元明清三代热闹的集市，新中国成立后几十年平民的聚居地，新千年后恢复修缮的历史文化保护区……多层次的复合魅力带来了回味无穷的多重韵味，这正是什刹海最迷人的地方。无论你是地地道道的老北京，还是远道而来的异乡人；是湖岸小平房中的拆迁户，还是匆匆一览的观光客；无论你想在这里寻觅历史的足迹，还是体会当代生活的节奏；想感受老百姓生活的琐屑片段，还是期望看到不食人间烟火的文人雅士，你总能发现自己想要的。当我们尝试以多种身份看什刹海，在各种视野中，这片地方散发出不同的味道。你可以说这里是皇城根儿，日常生活起居如画，但什刹海却不是甜腻的蜜罐子，这里的人们一样见证过饥馑的年代，依旧有着真实的喜怒哀乐。你可以说这里大多数地方是包装过的平民区，推开那两扇院门，里面临时搭建的小棚子还在诉说着生存的艰辛，然而每个人眼角都藏着希望。虽然要发展经济，调动消费潜力，而什刹海的魅力却绝对不是为发展经济而匆匆堆砌。这里是一个味道丰富的老坛子，一重重新老材料，一道道酸甜苦辣，五味杂陈，回味无穷。

上海是中国的国际化大都市，其经济发展、时尚节奏都远远超越北京，当地人对他们的城市有着由衷的自豪感。我曾有一位上海朋友来到北京，他辗转过世界许多地方：气候宜人的欧洲小镇，明媚清新的澳洲草原，时尚摩登的美国都市，这些在他心目中都比不上上海那狭窄得转不过身的亭子间和坑坑洼洼的小里弄。对于我要展示的北京，他一点兴趣也没有。的确，在习惯了满眼葱翠的南方人眼中，北京的古老不过是灰蒙蒙天气里的红墙碧瓦罢了。首都的头衔、政治文化中心的身份使得这个城市的建筑获得了过多的上镜机会，故宫、长城、天安门被每个中国人从小就烂熟于心，失去了神秘的魅力。然而，当他在我的指点下走进荷花市场，穿过前海南沿，绕出恭王府，在曲曲弯弯的小胡同里几番柳暗花明，最终停留在后海边，看野鸭悠闲地展翅时，这位周游过世界的上海先生终于折服于北京的魅力——“好大一片闹中取静的湖水!”是的，要向见多识广乃至饕餮了过多各色壮丽的城市奇观的当代人展示北京，还是应该带他们来什刹海。在以空气干燥、色彩单调著称的北方，这片有水有荷的城中江南，成了北京人心目中最珍视的地方。天安门、长城都在北京，可它们同时也属于中国，属于世界，只有这里，传承着过往的故事，蕴藉着平凡的快乐，凝结着京腔京韵和无数老北京王侯将相、深宅大院的记忆。它是丰富的，吃喝玩乐，乃至临走的纪念品，什刹海绝对不愧城中精华。

从古老城区到现代景观，什刹海一步步经历着时尚转变。它凌乱无序却又丰富多彩，呈现出一派与后现代都市相符的多层次、生活化的美感。它是一个综合的公共空间，在这里人们能够分享视角，各取所需。本地人、外地人、游客、居民、历史、生活、商业……不同身份和视角对这片水域进行着不同的诠释，在多重目光的交会点上，什刹海显得变幻莫测、难以捉摸，具有一种由丰富包孕中诞生的重叠意义之美。时代的脉动使综合文化元素在这里融会，使京城贵地什刹海充分张扬消费潜力，凸显出个性化时尚魅力。

波德里亚的消费理论与烟袋斜街的消费实践

作为当代都市消费场所，烟袋斜街运用广告修辞法将消费关系解说为情感关系，采取模仿杂乱的方式诱发消费者主动选择的欲望，将日常生活与商业目的相融合，印证了波德里亚的消费理论。但在其规划和发展的实践运作过程中，结合中国北京的传统与民俗产生出本土化风格，超越了既定的消费理论。由此可见，人们虽无法脱离消费文化的大背景，但也不是完全被动的，通过参与消费过程和选择特定商品发挥主观能动性，构建起新的消费文化模式。

一 鲍德里亚与消费社会

法国社会学家、哲学家让·波德里亚生于1929年，一生著述甚丰，其中最为国人所熟悉的，是“消费社会”理论。在《物体系》《消费社会》《象征交换与死亡》等一系列著作中，他选取大量都市常见的物质、景观符号，采用跨学科视角，结合社会学、哲学、经济学、媒介学等多种文化研究方式，构建了与时代联系紧密的消费社会理论。

波德里亚在研究中敏感地把握住了消费社会大都市的秩序，即以金钱和各类供需契约联系诸多陌生人的独特模式。这一方面是由于时代的机遇。其理论形成正值西方社会步入后现代阶段，作为一个农民的后代，波德里亚成长于法国宁静的小乡村，却在巴黎这个繁华的大都市开始自己的研究，两者强烈的对比引发了学者的研究兴趣。城市生活中那无处不在的日常审美情趣，变幻迅速的时尚潮流导向，笼罩在商业目的之下，脱离了质朴的自然。后现代都市中一切都缺乏前因后果，其景观如同遭遇爆炸般断裂，它任意将美学规范和即时体验联结，将崇高信仰和日常需求拼贴。在詹明信笔下，这属于后现代体验；而在波德里亚眼中，这种混乱都市景观背后是消费逻辑在主导。另一方面，波德里亚曾任列斐伏尔助手，后者是著名的马克思主义理论家，同时以关注城市形态、日常生活以及经济生产关系对人群的影响而声名卓著。这份经历不能不影响到波德里亚对城市生活的关注以及对马克思政治经济学理论的研读，尤其是“异化”“商品拜物教”等思想在其理论中得到了发展。拥有以上两点得天独厚的优势，波德里亚得以成为消费文化理论代表人物。其代表作《消费社会》出版于1970年，论述了“物”对神圣信仰和传统意识形态的消解；以“消费理论”重新解释福利、等级以及诸多传统社会问题，并将遵循消费逻辑、以消费而非生产为发展动力原点的社会形态命名为“消费社会”。消费社会理论将消费由纯经济对象转换为文化领域命题，一定程度上改变了人们对生产与消费、需求与产出因果关系的看法。

随着生产能力的大幅度提高，经济发展所面临的问题从提高产量转换为激发购买欲、拉动需求。传统工业区的经济走势被第三产业发达的新兴区域取代，经济繁荣的动力并非创造和积累财富，而是层出不穷、名目繁多的消费。在20世纪50年代，甚至有人发出“节约就是反美”的感叹，声称不断增加的需求甚至浪费比勤俭节约更能拉动经济增长。波德里亚“消费社会”理论即在这种背景下诞生。它从人与物的关系角度分析社会形态，指出在社会生产达到一定规模之后，消费目的不再是维持日常生活或增加积累；消费不再依附并受制于生产，而成为一种独立的、具有生产性的社会行为；对商品的需求从实用性、物质性、功能性角度转变为意义需求；人们消费的并非商品的使用价值，而是其意义即符号价值；个人等级、文化、身份、品位通过其消费行为标示。

近半个世纪后的中国，高速经济发展也带来了同样的问题：人们的关注点从物质的不足转为产品的过剩，抓生产被拓市场替代，激发购买欲、拉动内需成为最迫切的话题。连城市功能区划也以消费为中心，在原有行政区、居民区的基础上，增加了休闲区、购物区，销售和购买的线索贯穿日常工作、生活、娱乐、休闲全过程。物质生产力的几何级递增要求人们以种种名目去消费，除了对具体实物的购买使用，消费还被冠以观念的更新、意义的生产、身份的甄别等更具新意的头衔，与波德里亚将消费符号化的方式相切合，成为社会的动力。

当今中国是否已经进入“消费社会”还须数据支持，但在一些大城市里，消费文化却已风行。本文将以北京新兴时尚购物街——烟袋斜街为对象，以波德里亚的消费理论为参考，对当前我国特色消费文化的形态、发展和变异进行观照。

二　消费时代的烟袋斜街

烟袋斜街坐落在北京西城区什刹海与鼓楼大街之间，长约232米，宽仅十余步，是一个以旅游经济和文化创意产业为发展方向的街区。此街自元代起有记载，明代逐渐兴盛成买卖街，至清达到鼎盛。曾因其间出售的尽是古玩、字画、珠宝等高档消费品而号称“小琉璃厂”，备受王孙贵胄青睐。随着清朝王权的覆没，商业街也逐渐湮没于历史的尘埃，只有零散的几家小店靠附近居民维持生计。

图1　烟袋斜街

随着消费社会的临近，各类经济形态中，旅游作为消耗较小、附加项目众多、可重复利用的手段得到大力推崇。城市学家麦肯齐研究社会财富的地区流动后得出：“收入的增加和交通的快捷所带来旅游的方便舒适，会使社会财富从生产地向提供优质闲暇服务的地方转移。”[①] 也就是说，旅游使得消费财富

① 转引自蔡禾《城市社会学——理论与视野》，中山大学出版社2003年版，第11页。

的地方比产出财富的地方更发达。中国北京这个政治意义一度大于人文和自然景观的都城，因消费时代的到来而喧嚣，文化创意产业、旅游经济成为新一轮开发重点。

2000年年末，北京规划25片历史文化保护区，烟袋斜街被划入保护范围。本着“尽快把烟袋斜街恢复成繁荣的传统商业街并发展旅游”[①] 的思路，西城区对斜街以及周边的古建筑、道观、民居等进行保护和修缮。在旅游经济与人文传统融合的大环境中，烟袋斜街复活了，短短二百来米的小街两侧，转眼间近百家商铺林立。它定位民俗旅游商业街，其间的消费与人类延续了几千年的买卖不同，没有消费行为学主张的决策过程和把关人，也难说遵循哪些市场规律，虽然看起来古色古香，但整条街都饱蘸了时代色彩，浸润着消费精神，其文化意义远远大于经济意义：不以生产商品的必要劳动时间来定价，不以取得商品的使用价值为购买目标。人们在特定情境——古老京城风景如画的湖水边，熙熙攘攘宛如《清明上河图》般的热闹集市里，展开特异行为——未经计划、脱离预期、偏离价格规律和使用目的的购买。

秉承消费文化主题的烟袋斜街在建筑规划、发展方向、商业模式等方面都焕然一新。街两边店铺个性十足：传承古街神韵的“兄弟烟斗”、手工缝制的“巧织”、个性化设计的“印IN”，首饰、衣服、古董、书本、礼品、字画、茶楼、饭馆、澡堂……种类齐全，令人目不暇接。规划中还将兴建三层停车场，为游览这条“京味民俗商业街”的客人们提供最大限度的便利。巧的是，从形状上看，斜街本身也很像一只烟袋，两三百米长的街道恰似烟袋杆，烟嘴冲着地安门大街，烘暖了鼓楼前的人潮；烟锅向着小石碑胡同，点燃了什刹海的热闹。那冉冉散发的无尽魅力，更是引得人人上瘾，欲罢不能。

三　在烟袋斜街邂逅鲍德里亚

烟袋斜街被打造为“消费时代的风景区”或者说购物环境独特的大卖

① 这兰春：《旧城改造中的利益互动——烟袋斜街整治改造启示》，载《北京观察》2006年第12期。

图 2　商铺林立的烟袋斜街

场，其独特性在于风景、历史、文化等传统旅游项目围绕消费主题融合；商品和服务成为日常生活的有机环节，销售购买披上文化与传统的外衣；一切商业行动嵌套入游览、休闲的名义中，在娱乐的同时不知不觉地完成。在设计烟袋斜街的发展方向，营造文化氛围的探索过程中，了解并借鉴西方社会相应发展阶段理论成果在所难免，因此，我们常常可在烟袋斜街上邂逅波德里亚的魂灵。这种思想上的相似与契合表现在卷入式广告修辞方式、日常生活与消费逻辑两方面。

（一）广告的卷入式修辞方式

社会产品的丰富带来了广告的兴盛：电视上一遍遍重复的游说，摩天大楼顶端红唇微启媚眼迷离的美女，马路边见人就塞的小传单，还有《精品购物指南》《时尚》等以文字、图片温柔主题包裹起来的软文，合谋培养着不断消费的理念，将普通人制造为永不餍足的消费者。

激烈的市场竞争衍生出无限繁多的品牌和名目，但选择越多，人却越发无所适从。在都市文化氛围中，人们只能参照他人来估量自身行为：消费看似单独判断，实际上却是群体行动。而这种参照，很大程度上来自广告的引导：报刊、影视中人所向往的阶层所拥有的物质符号，成为整个阶层的标签。人们在接受广告的过程中不断向被定位的阶层靠拢：大到居住区域、交通方式，小到内衣颜色、卫生纸品牌。接受广告是一个学习消费的过程，从如何成为一个消费者起步，到最终获得合格的当代都市人身份。以欧莱雅广告为例，大大小小的荧光屏上、杂志页中，容光焕发、感觉良好的美女明星教导诸多做着美梦的女消费者："你值得拥有!"不是这个产品值得你拥有，而是如果你足够美丽、足够富有，才值得拥有它，从而跻身于女明星所塑造的美貌自信的都市女性行列中。这类广告以高高在上的语气教导消费者，以产品的高贵形象凸显受众的渺小，使一些实际上缺乏自信和判断能力的对象臣服。这种广告具有工业时代的典型特征，其压迫感是显而易见的，久而久之会使对象产生逆反心理。

而消费时代的广告却从不如此盛气凌人，它采取特殊的修辞方式，"改变其作为经济约束方案的形象，并维持其作为游戏、庆祝、漫画式教诲、无私社会服务的虚构形象，由此自然而然地演绎而来"[①]。关于烟袋斜街的文字是谦逊的，它们含蓄而客气地点到即止——《烟袋斜街：昨日与今日交错古典与现代共存》《深夜的烟袋斜街》《尽情尽兴——玩在烟袋斜街》等，意在帮助人们寻找一个有味道的好去处，却并不直接告诉你该买什么，要做什么。仿佛是一个谜语或者暗号，要反复咂摸思索，才能品味个中妙处。广告文字宣扬的完全是生活方式，而非某一类物品。它们营造一种超越消费之上的氛围，没有告知、劝导和说教，只是朦胧地描绘一幅令人向往的图景。至于究竟哪里好，还得人们自己去探询。"一切产品都被作为服务来提供，一切真实的经济进程都被社会性地改编和重新诠释为赠品、个性效忠和情感关系的作用。"[②] 在斜街上的购物附着了老北京的馈赠，任何一处平凡的民居都有义务充当整体消费过程的背景，买卖笼罩在真实生活的情感中，日常与消费相互依存。除了时尚杂志、游乐网站，一些游历过烟袋斜街的人也自愿加入广告推销的行列。他们在个人博客或是论坛中记述，如《我的时尚，昨日幕后花絮——烟袋斜街的美好下午茶》《烟袋斜街中国味道》等。这种无功利隐性广告的卷入效果尤为突出，在他们的叙述中，烟袋斜街的消费已成为向老北京历史与文化致敬的时尚行动。

---

① 波德里亚：《消费社会》，刘成富、全志钢译，南京大学出版社 2001 年版，第 187 页。

② 同上书，第 186 页。

（二）日常风景与消费逻辑

烟袋斜街的整个风景已经成为消费的一部分，正符合波德里亚对消费地点的定义："它就是日常生活。"① 作为消费时代一条有个性的购物街，这里的一切都具备产生价值的可能性。每一笔买卖都能构成一幅独特的画面，每一道风景都蕴藏着消费的秘密。比如在"53号配钥匙"招牌下端坐的老人，面部的皱褶、两鬓的沧桑，以及岁月磨砺后带几分世故又饱含洞察力的眼神，都让人联想起罗中立的《父亲》。一把放大了上百倍的铁皮钥匙悬在斜街半空，在众多缤纷招展的幌子中特别醒目。老人"配钥匙"的行当绝妙地将家长里短与旅游时尚相融合，将乡土、传统、人情味儿带到众人眼前，不断地提醒着：这里不只是横空出世的商铺，这些洋溢着精明笑容的商人背后，还有一户户的原住民，从他们那儿，才能看到真正的老北京。

烟袋斜街上最多的是小杂货铺。"老烟袋"里不光中外烟具一应俱全，渔具、风筝、美女月份牌也随处可见；"利通百货"仿佛童年的百宝箱，一件件空竹、灯笼、自行车座、木窗棂都经得起细细把玩。那些小而无用，颜色鲜艳，杂乱无章的货物，体现着有闲阶级的情调。它们色彩缤纷地拥挤着，遍布每一个空间，充满了人情味：衣服随意地挂在货架上，首饰象征性地堆在一起，如果有古玩、烟具之类，更是随意地散落在房间的各个角落。虽然看上去粗心大意，所有东西毫无逻辑可言，却特别能够激发对象自己动手翻拣的欲望。这类店铺在形式上遵循消费社会中凌乱的规律，"提供给消费者的商品绝不是杂乱无章的，在某些情况下，为了更好地诱惑，它们还会模仿杂乱。总是要想方设法打开指示性的道路，诱导商品网中的购物冲动，并根据自身的逻辑，进行诱导、提高，直至最大限度地投资，达到潜在的经济极限……引起消费者对惰性的制约：他逻辑性地从一个商品走向另一个商品，陷入了盘算商品的境地"②。波德里亚的论述恰当地解释了其中的玄机。名目繁多的待选之物为潜在消费者设置了一道题，它指示消费、诱导行动，却不会越俎代庖。由此，那些原本漫不经心的游客考虑的已经不是买不买，

---

① 波德里亚：《消费社会》，刘成富、全志钢译，南京大学出版社2001年版，第13页。

② 同上书，第4页。

而是什么更好，哪个更值。

虽然东西琐屑，但这些小店铺比标准化经营理念更擅长调动消费者的主观情绪，它们永远把自己的身份放得很低，谦逊地将选择的权利交给消费者，使得消费似乎真的是发自人们内心的主动需求。即便是习惯做“购物攻略”的时尚媒体也无法告诉人们烟袋斜街的购买秘诀。这里的店太多，又太小，不时有几家倒闭、几家换手，所以聪明的媒体叙述只能将人们引导到这里就含蓄地打住。规模化经营的风潮尚未席卷斜街，人们也只能依靠自己的直觉进行独立自主的购物判断。所以，烟袋斜街的消费逻辑就是模仿笨拙和杂乱，设置一个有待改造的购物环境，让一切行为都仿佛出自消费者本人的意愿。

四 本土的超越

虽然在许多方面，烟袋斜街与波德里亚都如此契合，但作为中国发展中的消费文化探索实践的一部分，我们看到的是斜街基于消费文化理论论述之上的超越：一些店铺独特的买卖过程使人逃离被消费定位的命运，恢复了主体地位；自足的商品终结了消费文化意义链所引发的源源不断的需求缺陷；通过缺陷产生差异的物品对抗着整齐划一的工业流程，把被动的买卖变成寻找差错的游戏……这一切生动而鲜活的实践为本土消费文化理论提供了新的例证。

（一）主体地位的获得

随着工业化大生产的发展，从马克思的“商品拜物教”到波德里亚的“物体系”，原本应由人类主宰的物反过来构建了人类社会。“不仅与他人的关系，而且与自己的关系都变成了一种被消费的关系。”[①] 掩藏在文化意义下的消费不让物的统治赤裸裸地呈现，但人的主体地位已经消失。人们努力挣钱只是为了使自己能够与高高在上的物的形象相匹配。金钱是消费者进步的阶梯，人们踩着亲手生产出的物质，向更高层的物质攀登，在物的统治下为

① 波德里亚：《消费社会》，刘成富、全志钢译，南京大学出版社 2001 年版，第 91 页。

图 3　京味杂货铺

升级晋阶而努力奔忙……一旦抽离物品，人的形象便可能轰然倒下。消费文化拥有定义的权力：对于销售者，它以笑容培训把人变成职业工具：穿一样的制服，说一样的问候语，嘴角上扬一样的弧度，只要进入服务身份，笑容就好似面具贴在脸上，成为销售的一部分。而对于买主，它用“购物智商”之类的提法把消费过程变成竞争，“从事高要求工作，收入高、时间少的人，购物智商水平比较低……这些人没有更多的机会培养自己的购物技巧”①。将物的消费与人的智商挂钩，消费似乎成了与身体一样的先天属性。由此，人被消费过程构建，主体是“消费者”而不是“人”，如果没有消费，人只能是街道拥挤的人群中不相干的一个，不再有定义的能力和识别的资格。

消费把买卖双方变成购物过程固定的两端，有无法挣脱的身份和行为方式，而烟袋斜街的身份却是混杂不清的：伙计就是老板，为你服务的也许是学生、画家或酒吧里耀眼的舞者，对他们来说，生意是生活间隙的另一种口味，买卖是心情的一部分，那至情至性的容颜，绝对不是招徕和巴结的手段。特别是原住民开的店里，卖家挑剔买者的行为很常见。有客光临，大部分老板不予理睬，想要他们开口，就得主动搭讪。其实，那些两眼放空的老板有时也很贫嘴，但他们在乎的不是口袋里的钱。通过嬉笑怒

① 《用公式算你的“购物智商”》，http：//www.rayli.com.cn/2007-01-19/L0005007_215947.html。

骂，他们把交易变成人和人之间的攀谈，而非商家和消费者两种身份的对阵。你可别以为只有笑脸才是促销的法宝，看厌了模式化服务的顾客们，特别愿意跟这类小店扯上关系。这些土生土长的老板，端着些旧时视金钱如粪土的架子，宁可清贫，也要摆谱。紫禁城脚下成长的经历给了他们天然的倨傲和自豪，还说不准哪个祖上就是王公贵族。他们开店为打发时光，爱好比收入更重要。比如营业随性的“拆那”，想进门一逛就得有蹲守的精神，老板对生客爱答不理的蛮横也早已名声在外。在这里购物，如果没有三顾茅庐的耐心和行家里手的眼光，即便一掷千金也可能只落得个暴发户名声。但若能与老板搭讪上，聊得对方心服口服，那你看中的东西也就半买半送了。

这种攀谈并非讨价还价，整个过程在旁人看来简直是精神折磨，然而被折磨的人却乐在其中：在几个回合情感与知识的探索交锋后，不仅为过剩的金钱和精力找到了出口，更获得了意义的满足和心态的胜利。在烟袋斜街，基于金钱交易的购买毫无韵味、笨拙苍白，只有跟那些祖上“在旗”的老爷们儿攀上交情，跟斜街有了渊源，才是摆脱消费过程设定身份，真正获得主体地位的办法。

（二）终结购物链

金额的计算，款式的协调，涨跌的风险，趋势的预期，使得原本为获得满足而进行的消费变成缺陷的制造者。就像斯多葛派创始人，古希腊哲学家芝诺曾用圆圈来表示知识多寡与无知的关系一般，消费也是一个无尽的大圆：人们越购买，想要的就越多；越消费，心里就越不满足。拥有和欲望是夹缠不清的悖论，为当代人带来无限的重压。消费时代为交换关系添加了文化色彩，企业家定义生活，他们不断推陈出新，让人类越来越舒适，商品越来越便宜，服务越来越周到。人们疲劳地追逐着更新奇、更有名、更完备的产品。但每一个商品都是断裂的，是消费社会这张叙事网络中的小小节点，任何一个环节的缺失都将造成严重的意义缺损，一次消费将开启一系列后续消费行为，一次购买会导致更多的缺乏和需求。因此，波德里亚认为，“一旦人们进行消费，那就绝不是孤立的行为了……人们就进入了一个全面的编码价值生产交换系统中，在那里，所有的消费者都会不由自主地互相牵连”①。

一些无须服务就能拥有的小商品却能够以其单纯终结这种无穷尽的购物链。“苗歌布衣”“5A精品烟具”“民间工艺”……烟袋斜街路边的小摊上，遍布便宜简单的小东西。虽然只是寻常物件，却可以轻易脱离社会价值体系。因其平常，一看就知用途和档次，谁都不会心存忐忑，整个讨价还价是一场日常的闲话。由于简单，价格与心理预期值不可能有太大的偏离，买者能轻易戳穿卖家的借口，以常识为它定价，在买卖的争论中取得上风。对它们，购买起来不用迟疑，不买也不怕遭受“买不起”的尴尬。那些色彩缤纷又微不足道的剪纸、刺绣、珠链、珐琅、绸缎、轻纱、洋画、烟盒……没有什么技术含量，没有社会发展的烙印，没有太多的附加意义。不会有人企图通过这些小东西抬高自己的地位或是标志特殊身份，也不会有人为它们划定阶层属性。这些没有被纳入消费文化产品链的、独立而自足的产品，任何一个都足以表达一次购物的完整性，也仅此而已。唯其如此，才能够逃脱消费文化意义的纠缠，不会引起新的需求缺口。

图4　不给人压力的小商品

（三）伪装缺陷生产差异

超级市场在当代快节奏生活中大行其道。它提供大量整齐划一的产品，明码标价，简单明了，降低了购物时间和选择的困惑，把购买变成流水作业。消费者按照既定的程序和线路行动，自己看分布图，自己找特价区，自己取货物，自己对标签，甚至自己刷卡。这样的消费易把握，可预期，消费者就是流水线上的一个部件，缺乏购物乐趣。在统一的销售模式下，消费者不得不调整自己以适应所谓标准、通用的“合理化”设计。由于它们基于大

① 波德里亚：《消费社会》，刘成富、全志钢译，南京大学出版社2001年版，第70页。

众需求产生，因此被表述为最适合个人的，所以个人必须接受，否则就是不具备基本的生存资格……对标准化产品的不满，对产品瑕疵的反馈，对使用须知的细节疑问，都只能留存在脑海。消费系统用类型替代了个性，人们特别崇拜差异，而这种崇拜正是建立在差别丧失之基础上的。

机械化工业制造出日臻完美的商品，而过分的完美却使人窒息。大批精细化、标准化、完美无缺的货物所造成的过度满足抑制了消费的念头，而一些小小的差错却能点石成金。在烟袋斜街一家名为“兴穆手工”的小店里，我们找回了手工产品那弥足珍贵的差异性。物品摆脱了工业化进程，泥塑上凹凸不平的指印、绘画上铅笔勾勒的底纹……你不能相信这个号称受过专业化训练的创业群体——“兴穆帮”的成员没有能力制作完美，也不能想象这群精心的创业者由于疏忽留下了痕迹。实际上，它们故意伪装拙劣和瑕疵，只有这样，才能打上手工精制、代代传承的烙印。在这些工艺品上，制作者的个性气息被保留下来，摸上去，似乎还有艺术家的体温，人的印记成为供客人挑选和比较的依据。对于整齐划一、号称个性却缺乏不同的产品来说，这些流露缺陷的小物件成为巨大的挑战，因为它们真正做到了差异，挑起了物与物的竞争。人们得到与制作者而非销售者直接交流的机会，由此，“销售者—商品—消费者”转换为“作者—艺术品—鉴赏者”。身为鉴赏者，人们有资格提出批评和改进意见，而这些意见正是购买的动力和需求的源泉。实际上，这些所谓意见早有人提出，也早在销售者的预料之中，但他们却将越来越多的狐狸尾巴显露出来，刺激人们纠错的欲望。伪笨拙和装行家，是商家和顾客之间的一场游戏，他们一搭一档，你情我愿，使单调的消费过程呈现难得一见的乐趣。

作为大都市的购物街，烟袋斜街在某些方面印证了波德里亚对消费社会的论述；但它在恢复人的主体地位，打断因社会附加意义而产生的需求链，将消费变成鉴别差异的游戏等方面，却超越了固有的理论，体现了消费者的主观能动性。在这里，并非一切都为消费提供便利，而是一切与消费相关的事物都变得有价值，有意味。有血有肉有思想的人是烟袋斜街的主人，而他们的欲望正是生产的动力和消费的源泉。

从写字楼看都市隐形秩序

写字楼已成当代大都市不可或缺的建筑景观，它的设计理念、空间布局等，看似多从科学实用的角度出发，其实却是人文理念与建筑空间综合作用的结果。本文通过对写字楼绿地体现出的休闲逻辑、大堂与面子经济的关系、内部空间的权力制衡等现象进行分析，从当代建筑这一独特角度揭示出都市文化的双重特性。

在高楼林立的都市中，写字楼是标志性景观。写字楼群往往占据着都市最显赫的地段，各抱姿势，展现一派雍容华贵的气象：大堂金碧辉煌，电梯高速便利，工位整洁私密，大楼四周则绿地环绕，幽静而闲适。然而，随着继续深入，在第一印象背后，人们会发现相反的情形：正像竞相攀高的楼宇几乎封锁了蓝天一般，写字楼内也并不总是像它所营造出的那样慷慨坦荡，而是隐藏着某种精明的监控痕迹：路径的曲直、空间的大小、装修的风格都精心策划，约束着人们的行径。写字楼空间受控于都市文化，它虽是建筑，却离不开“都市”这一定语；它的物理参数、功能布局、配套设计等看似独立，却服务于“都市建筑”这一中心主题。写字楼空间是都市的衍生物，是组成当代都市意义整体的一部分。

伦理、道德、法规、礼仪……形形色色的秩序充斥着社会，以各自不同的方式规范人们的行动和思维方式，共同维持社会的有机运作。当今大都市汇集了来自各国、各地的人群，他们共同的工作与生活打破了原有的秩序：许多带有地域色彩的规矩不再被遵守，许多传统积累的习惯得不到因袭。从习以为常到逐渐褪色，不少既定的秩序渐渐淡出当代生活，成为时尚杂志中怀旧的小专栏。但是，都市的秩序并没有因此减少，新的秩序很快出现并被人们接受。它们有的来自媒体，被广大受众接受；有的来自商业流程，被企业管理者采纳；有的来自教育体系，随院校毕业生贯彻。更多则是隐形的，不一定有明朗的内容、清晰的边界，更没有明文规定，却对都市人进行着潜移默化的规训和甄别。看似寻常的写字楼之所以能够占据城市的主流，并不在于其钢筋水泥的高大外壳，而在于它所贯彻的隐形秩序，这些秩序区分出都市人与非都市人、工作状态和自然状态的人，规范着人的自我认识、定位，以及人际关系，与其他显形、隐形的秩序一起，勾勒出当代都市的边界。

一 绿地与休闲逻辑

是否拥有大片精心设计的绿地，是构成写字楼公众形象的重要因素。高档写字楼多位于交通便利的城市中心地带，如北京的CBD、金融街、中关村等。出于规模经济效益的考虑，写字楼倾向于成片建设，高峰时段区域交通难免拥堵。但拥堵和喧嚣只在外围，一旦走进写字楼群，那外部的拥堵带来的不适便一下子消失了，取而代之的是一片葱翠整齐的绿地。越是处在黄金地段的写字楼，楼下的绿地越是精致，这些绿地把写字楼区变得好像开放的公园：那精巧的布局、曲折的小径，乃至每一个可供休息的台阶都恰到好处、浑然天成。它们出现在某个地方，看似不经意，实际却充满机巧，是园林设计师和写字楼布局者反复推敲、巧妙安排的结果。

写字楼体现着高效率、高产出，却并不刻意营造紧张气氛，相反，休闲理念在这里很受重视。那些花坛绿地，体现出都市的休闲逻辑。从绿地到大堂，写字楼始终是敞开的空间。绿地上的山石、花草、雕塑和喷泉，都随意地摆放在公众视野之内，谁都可以毫无限制地参观浏览。从某种意义上说，这里比其他区域更好地体现了公众的平等。然而，这样一个堪比公园般干净精致的地方，却并没有人满为患，甚至连散步的闲人也极其少见——人们不约而同地忽略了这片绿地：在楼中办公的，休息时要尽快转换环境，投身完全不同的视野，花坛和绿地因日常性而失去色彩；因公务而来的，事项一结束就奔向另一桩事项，花坛和绿地永远只是途中的一部分；而对于寻觅闲暇的人来说，这里的风景过于单薄，少了几分历史的底蕴和主题的趣味，不值得成为专门一访的所在。不同身份的人，在对待写字楼绿地的态度上却殊途同归。

写字楼绿地的利用率并不高，那些石子铺就的弯弯小路、那一丛丛油绿的灌木反而成了进入的障碍。如果说一般的道路代表着通达的便利性，能以最快速度将人们带到目的地，花坛里的小径则更多诉说着含蓄和挽留，它们的存在，是为了诱导人们的足迹踏遍绿地的每一个角落，不遗漏任何一处风景。这在无形中给急于办事的人添了不少麻烦，目的地近在眼前，可要过去却必须左转再右转；有心大步踏过去，却遭到脚下绿草无声的谴责。可以说：写字楼绿地里曲线迂回的小径和写字楼之间直线宽阔的道路，体现了两种完全相异的话语逻辑：绿地有意放缓速度，显示着楼内人神闲气定、亲近自然；道路讲求速度和效率，说明工作过程中的商业精神。这种区别也体现在写字楼本身：一栋功能完善的写字楼，必备高效率的电梯、电话、网络环境；但与悠闲品位相符的咖啡厅、健身房也不可少。道路的话语逻辑营造出写字楼空间的两个侧面。

这些还都不足以解释写字楼绿地的空旷。在人口密度极大的北京，一片平常的小草地也值得珍惜。写字楼绿地是开放的，交通也便利，周边又不乏流动人员。奇怪的是，在写字楼的绿草地中，抱着休闲目的的人总会因心理的焦灼而坐立不安。这块绿地上没有园丁或保安的警惕目光，但处处都给人以被控制的感觉。写字楼绿地里毫无遮拦、完全敞开，如果有几个人逗留，必然遥遥相对，一举一动都在他人的视野中，每个人都侵犯着别人的领地，同时也遭到别人的侵犯。写字楼绿地利用空间的开放驱逐人群，在美丽诱人的同时保持了清静，这种做法无形中与纽约公园的改造异曲同工。美国学者朱克英（Sharon Zukin）在其《城市文化》一书中，记录了纽约公园的改造历史：纽约公园曾经容纳着各式各样的人，玩耍的孩子、栖息的老人以及爱运动的人都能在这里找到满意的场所；同时，移民工人在此散步，精神病人在此野营，吸毒者和无家可归者更把它当作庇护所。然而，对于城市管理者来说，人员杂乱的公园无疑是安全的隐患。他们关闭公园，在进行“广泛的风景美化”的同时，将包容与排斥原则隐含进公共空间的规划。“当公园重新开放时，开放的视线使儿童、打球的人和坐在长凳上休憩的老年人在使用各自的空间的时候得相互提防。”[①]

写字楼绿地是彻底开放的空间，与中国传统园林设计中含而不露的格局完全不同，没人能产生私密感，与之相应的安全感也荡然无存。这种不安来源于设计过程中隐含的展示性语汇：绿地中所有的一切都是展品，毫无保留地呈现在写字楼视野之中。坐在写字楼群中的空地上，四周都是几百倍于人的高大建筑，越发显示出人的渺小；而想到在安静的写字楼内，任何人都可能居高临下地俯视着你，就像看着沙盘中的模型，这种被参观的感觉更令人手足无措。英国思想家边沁曾设想出一种环形监狱，所有的囚室都面对中央监视塔，令狱吏一览无余。囚徒不知是否正被监视，终日惶惶不安。福柯在《规训与惩罚》中对其威慑力进行了分析，这里的权力是可见的却无法确知，构成“分解观看/被观看二元统一体的机制”。布满窗户的写字楼和一览无余的绿地构成了“全景敞视监狱”，可以说是“中央监视塔”的都市版本，绿地上的人好像环形监狱边缘的囚徒，彻底被观看而不能观看；写字楼里极目远眺的人则充当了狱吏的角色，能看到一切，但不会被观看到。[②] 绿地是写字楼门前美丽的地毯，可是有谁能在众目睽睽之下躺在地毯上安然地休息呢？

对于写字楼来说，绿地是必需的：拥有的绿地面积越开阔，设计得越工巧，写字楼本身便越显得高贵，无论形象上还是气势上，绿地都是烘托气氛的必需品。它的存在把写字楼与周边的环境隔离开，使它的形象如同君王一般远远倨傲地挺立，无比高大和威严。站在绿地中向上望去，白云在蓝天的背景中慢慢后退，而写字楼则渐渐向下压。在这个巨大的建筑脚下，哪怕是再有气度的人物，也仿佛蝼蚁一般脆弱而渺小。过于高大的建筑物本身就是对自然的挑战，而写字楼上耸入云端，下植入地底，更加大了人与自然的疏离。

为减轻高大楼群给人带来的压迫感，设计师们将地面公园般的人造景观

---

① Sharon Zukin：《城市文化》，张廷佺、杨东霞译，上海教育出版社 2006 年版，第 23 页。

② 米歇尔·福柯：《规训与惩罚》，刘北成、杨远婴译，生活·读书·新知三联书店 2007 年版，第 219—258 页。

设置成开放式。放射状的花坛尽量夸大扩张效果，使这些原本在城中心就很难得的空间显得更加开阔。一些小而精巧的景点则很好地凝聚了绿地中步行者的注意力，使他们的目光平视甚至向下看、向近处聚焦。那些刚刚离开校园加入写字楼行列不久的年轻人是绿地的崇拜者，他们带着拜物的心态走进绿地，享受着上百平方米草地的光合作用，感受着间歇式喷泉制造出的湿润与凉爽，他们的目光盯着眼前大理石雕刻工艺的巧妙与精细，从而忘记了周边高大建筑的压迫。在最初的散步过程中，美丽的绿地是值得骄傲的财富，写字楼成为绿地的背景，这种本末倒置的视觉效果很大程度上放松了工作中紧张的神经。绿地提供了一种伪造的自然环境：草坪的光合作用无法中和汽车尾气，人工水景离不开中水循环。从改良环境的实际作用上说，这个人造自然的功效微乎其微，但它的象征意义，它对心灵的抚慰，它所代表的那种对休闲的重视却是不可替代的。所以，虽然对于整日潜伏在写字楼中的男女来说，写字楼绿地好像自欺欺人，但它所体现的休闲逻辑却是作为都市主流的人群必须读懂且遵循的。

图 1　写字楼原地

二　大堂与面子经济

关于面子的说法不分雅俗、不论古今：大义凛然的“士可杀不可辱”、世俗日用的“人活一张脸，树活一层皮”，甚至方外人的“不看僧面看佛面”等，都阐明了面子的价值。随着时间流转，面子的重要性仍在，但其含义和作用却已不同。古代人爱面子羞于谈钱，仗义疏财者往往最有面子，而如今的面子却有了实际效用，面子工程、面子经济强调的都是背后的收益。五六十年前，国人强调内容，看轻形式，鄙夷一切与面子等外在形象相关的虚饰；二十年前，国人为日本商品的层层包装纸而暗自不值；十来年前，国人竞相传阅福塞尔的《格调》并据此整理自己的仪容；现如今的中国企业里，“品牌设计”“公关活动”“公益推广”等，都是为了给面子加分。面子经济伴随工业化而来，在产品批量产出、技术创新滞后时，差异化更多体现在包装、设计、服务等附加方面。快速发展的城市重视面子经济，强调软实力的角逐。作为当代都市经济活动的发生地，写字楼中面子经济的原则最集中地体现在它的大堂。

大堂是写字楼的脸，它通常是写字楼内最宽阔的公共空间，也是最豪华、最漂亮的区域。进入大堂，那庄重遥远、水泥巨人一般的写字楼一下子活了起来，威严的外貌带上了表情，变得真实和个性化，将访客拥入其中。这种表情是亲切感和威慑力的结合，是写字楼自我表达的又一语言。虽然写字楼主要功能在办公区域，但办公室一般不作装修，以便客户按需求配置。办公室讲究简洁明快，方便快捷，可利用空间大小是好坏的重要标准，这与大堂和电梯厅的富丽堂皇恰成强烈对比。写字楼挑高的大堂通常要占去三四层楼的空间，它的高度、进深、装修、配置、电梯数量、水牌上的LOGO，甚至前台服务员漂亮与否和文化程度都是评价要素，而进入大堂的第一感觉则是在技术指标之外衡量写字楼的重要感性标准。

豪华大堂显示着自信和大度。在这个拥有旋转门、水晶灯的恢宏空间里，挑高的天顶使访客的气势不自觉地矮了几分。充裕的空间是一种有资格和实力的表现，透露出不急于把每寸土地都转化为办公场所的泰然，只有这样，才使里面已经转化的那部分更为金贵。连休息区都传达出写字楼的优越感，作为客户等待和休憩的场所，这里有舒适的沙发、饮水机、一次性水杯，有的写字楼还提供免费且高品质的茶或咖啡。夏天的冷气、冬季的暖风把这里调理得四季如春。由园林公司定期更换的摆花光鲜油亮，就好像楼里的员工一样精神饱满。进入大堂，人们可以自如地享受写字楼带来的免费服务，它们由写字楼内的企业共同提供，带给人们一种错觉：楼中的物质极其丰富，已经到了免费请他人共同消费的地步。这是一种炫耀型消费，美国经济学家凡勃伦多年前就指明其根源，"对有闲的绅士来说，对贵重物品做明显消费是博取荣誉的一种手段。但单靠他独自努力消费积聚在他手里的财富，是不能充分证明他的富有的，于是有了乞助于朋友和同类竞争者的必要，其方式是馈赠珍贵礼物、举行豪华的宴会和各种招待"[①]。办公场所提供的免费饮料是写字楼通过大堂透露出的炫耀表情，它很好地将人们导向对写字楼内企业的认同感，即"有闲＝有钱＝可靠""慷慨＝有实力＝值得合作"。

在写字楼大堂内，会有一个宽阔的台面以及一两部电话留给前台小姐。这些年轻貌美的姑娘身穿制服，脸上画着精致的妆容，用中英双语流利地应答电话。看到连前台服务员都能享用如此宽大干净、材质精良的工作台，人们不免会对写字楼内企业的高大形象充满敬意。以往的单位大院有栅栏门，办公楼也有传达室。传达室能在心理上起到提升楼内权威的作用，但重重的关卡无形中将楼内变成了一个衙门般难以接近、令人头疼的地方。写字楼是开放的，访客就是潜在的商机。虽然内部办公需要相对封闭的良好环境，但对环境的保障已通过有经验的物业公司和够档次的租户自身协调来完成，绝不人为地设置进入障碍。前台小姐们脸上挂着不卑不亢的职业化笑容，这笑容里没有一丝暧昧的甜蜜，也没有一点生硬的勉强，正是这种训练有素的表情区分出了一个自然状态的人与写字楼工作状态下人员的不同。的确，即便前台人员也是专业化、有分寸的，与写字楼的整体形象水乳交融。对服务人员到位的培训与大堂豪华的装修一样，也是一种炫耀性消费。在《有闲阶级

① 凡勃伦：《有闲阶级论》，蔡受百译，商务印书馆1964年版，第60页。

论》中提道：门客、妻儿、仆役等协助有闲绅士消费他们过剩的财富，形成代理消费。这些人的消费是属于主人的，由此增加的荣誉也是对主人生效的，他们的消费体现主人或保护人的投资。后来，这种代理消费的表现者逐渐缩减为穿着制服的仆役，因此制服成了屈从的标志。[①] 前台小姐以及写字楼内的保安、保洁员们所受到位的训练来源于租户的投资，他们无权在工作中表露出个人习惯，也无权选择喜好的服装，那统一式样的职业套装是从属地位和服务身份的标志。

在一个以经济效益为根本的环境中，财富不会像贵族时代那样只因一个显赫的姓氏就能获得，企业的每一分收入都靠员工的努力，所以每一分支出也要花得在情在理，不会真的像“有闲阶级”那样纯粹为增加荣誉。豪华大堂绝非仅仅图漂亮，业主们此时的慷慨完全基于对投入产出比的精打细算——他们深谙面子经济的玄机。对于一些小企业来说，与客户在写字楼舒适宽敞的公共空间洽谈，既有现代感，也比独自负担会议室经济省事得多。由于写字楼内客户群消费水平较高，许多公共信息企业和媒体乐于向顶级写字楼客户提供特殊折扣、优先试用及免费服务，这也是实力尚弱的小企业单凭自身力量难以得到的好处。

豪华的大堂，高档的装修，顶级的配置和完备的后勤，不仅能给写字楼中的企业带来相应的服务和荣誉感，更能树立品牌；而规模化的成片写字楼在品牌打响后，更带来丰厚的经济效益。以北京 CBD 为例，地产界业内人士分析，这里几乎已经成为中小企业的“孵化器”，一傍涨身价的情况频繁出现。所以，虽然 CBD 写字楼租金很贵，但还是有很多发展型企业舍得花高价进驻。一位小公司负责人说：“我们得到的比付出的租金要多得多。”[②] 这些中小企业不惜重金入驻 CBD 中心区顶级写字楼，将自己的品牌与业内领先者并列，是一种明智的营销方式。对陌生客户来说，写字楼大堂水牌上并列的品牌之间似乎暗示着某种联系；同时，一个上档次的办公地点也多少说明了企业的资金保证、档次定位以及长远发展的眼光。在高档写字楼里办公有时还

---

① 凡勃伦：《有闲阶级论》，蔡受百译，商务印书馆 1964 年版，第 61—64 页。

② 《解码北京 CBD 写字楼经济》，http：//www. bjcbd. gov. cn/newscenter/cbddynamic/cbddynamic7243. htm。

会带来意外的收获，分众传媒的传奇说明了这一点。它与风险投资商软银同位于上海兆丰世贸大厦的28层，两家中间只隔着一个洗手间。分众老总江南春抓住在卫生间与软银首代零星的碰面机会，多次阐述自己的构想，经过近一年断断续续的交流，终于戏剧性地获得了第一笔注资①。与强邻为伍为他赢得了珍贵的机会。

不仅写字楼中的企业奉行面子经济，其间人际关系亦如此。当人们由于不得不接触众多陌生面孔、无法深入了解而不知所措时，着装是否得体、礼仪是否恰当就是判断对方性格、阶层等属性的依据。个人形象成为都市人塑造自我和认识他人不可或缺的一部分：一个顾惜面子、通晓并遵循社会通行法则的人，其沟通效率、合作态度、处事原则以及社会性就应当有相应的保障。

图2　写字楼大堂

三　电梯、工位与空间权力

如果把写字楼比作一座城市，电梯就是主干道上飞驰的汽车，以超乎寻

① 李峪：《江南春：创意改变命运》，载《新西部》2007年第1期。

常的速度把人们飞快地从这一端载到那一端。媒介学家声称道路和高速运行的交通工具缩小了空间距离，电梯则将征服高度变得轻而易举。这是一个奇妙的空间，可以是一个铁笼，也可以是不锈钢箱或者水晶匣子。在克服了对幽闭的恐惧和对机械故障的忧虑后，人们逐渐对电梯这个日常生活工具习以为常，但这依然改变不了它因封闭而神秘，因狭小而无趣的本质。乘电梯的那一小段百无聊赖的时间里，人们编出许多鬼故事和小笑话。

如小笑话《够淫荡吗》：

> 一次，我在一高档写字楼里坐电梯下楼。降到 8 层时，电梯门开了，门外站着一位衣着十分性感的美女。只见她娇滴滴地吐出几个字："够淫荡吗？"我努力稳定了一下自己的情绪，说："是有点淫荡，不过我喜欢。""啪！"美女给了我一记响亮的耳光！原来她说的是："Going Down（电梯下行）吗？"

鬼故事《怎么这么多人》说的是在写字楼加班的情形：

> 有一天，我深夜才加完班，从十八层刚一按电梯，门就开了，里面空无一人。我走进去，电梯关上，降啊……降啊……到了四楼，门突然开了，有两个人在外面探头探脑，可不知为什么看了看又没进来。电梯门又关上了，就在关门的一刹那，我清楚地听到他们说："怎么这么多人啊？"

更多的人会下意识地对着电梯里的镜子或光可鉴人的不锈钢壁整理一下头发和衣领，他们以为自己正处于隐蔽的私密空间，其实写字楼中大部分地方都安装了摄像头，处于被监控状态。办公室人员众多，谁都不会显得特别突出，而电梯那狭小封闭的空间中，一个人的行为却特别明显。独自乘电梯往往是被监控得最为严密的时刻，虽然在密不透风的电梯中，人们常感觉幽闭孤单，实际却全程被控，完全暴露在他人视野之中。

随着技术的日益强大和普及，人类移形换位的梦想已经通过飞机实现，顺风耳和千里眼的传说也已因电话和监视器的使用变得习以为常。从楼梯到移动铁笼再到高速观景舱的电梯进化过程会逐渐变得模糊，人对体力极限和高度的感觉也会日渐钝化，可能不再对电梯空间有什么奇特的想象。但无论如何，电梯衍生出的意义远比它所占的空间大得多。

当人们踏入写字楼时，就已经进入相对封闭的空间，电梯不过强化了这一点。为减轻封闭性，景观电梯应运而生，它以通透的玻璃抵消了隔绝感，起到一些心理安慰。实际上，景观电梯和其他升降机一样是把人完全交给机器，人一样对环境无能为力。要瞬时上下，超越身体极限，人就必须服从物的统治。小小的空间充满权力感，这种情况无可逆转。因此必须营造一种人类把握局势、控制环境的幻觉，在心理层面上找回安慰。在写字楼系统中，有许多地方体现着这种自我安慰，半封闭式工位就是一例。

办公空间是写字楼的主要功能区，但它却往往是最为普通和简陋的地方。一个企业，无论多么重视文化和包装，也不会把办公室装修得特别豪华。因为工作时间需要集中精力生产价值，不应该分心。面子上的漂亮是给别人看的，办公室需要的是朴素实用。现代写字楼里的半封闭式工位是一项出色而精明的创举。传统的办公桌平面敞开，五六个桌子一摆，员工们无论是面面相觑还是背对背，都容易在位置和姿态上展现出微妙的人际关系态势。由于座位之间毫无屏障，每个人的行为都一览无余，给人以互相监视和被监视的感觉。相互间必需的隐私距离限制了办公室的容量，一间传统办公式最多坐十来个人，否则将与教室无异。而半封闭式工位则很大程度上提高了空间利用率，1.5 米、1.2 米甚至 1.1 米的工位隔断，把公共空间划分为无数个狭窄的格子，强行把人们固定在一定的活动区域内，人和人之间仅仅隔一层三合板或磨砂玻璃，就是这么一道小小的屏障，却给人意想不到的心理保护：偶尔的私人行为得到掩饰，在这几平方米的空间里可以自己做主。

写字楼中的办公区域大多是宽阔的大开间，省却隔墙，增加可利用面积。能将大量办公人员以如此高的密度集中起来而不显得嘈杂，完全有赖于工位隔断。每个人的小格子都是受保护的，未经允许到别人工位上是极其不礼貌的行为，即便是同一办公室里的同事，也常常优先选择网络或者电话方式商谈。对于大多数写字楼人员来说，小小工位是从公共空间里划出的私人领地，他们在这里工作，同时也吃零食、睡觉、化妆、看漫画、打游戏、炒股、玩娃娃、养花种草、谈情说爱。许多论坛中都有“秀”工位的帖子，如搜狐论坛中的《秀秀你的一亩三分地，得瑟一下你的办公桌》，北青网的《晒晒白领两件宝：书包 VS 办公桌》，“晒办公桌”成了时下流行的晒客[①]们钟爱的主题。一名网友得意地说：“电视剧《奋斗》中陆涛应聘那家大设计公司，其中陆涛的座位就是我的座位！哈哈，在天海商务大楼里。”[②]

图 3　办公室工位

对私人空间的尊重，显示出现代意识与传统意识、现代管理模式与传统管理模式的区别。小工位为节省办公空间和保护个人隐私提供了很好的屏障作用，当然，这种遮蔽不过是一种形式上的屏障，站在座位背后，工位中所有情况一览无余，监视者也更具隐蔽性。大多公司将工位设置成背对公共区域，员工面前电脑屏幕上的内容任何时候都是公开的。工位隔断在员工面前垒起了一道凹形的墙，前、左、右都是墙壁，看不到其他人，却将后背的要害完全暴露在公共视野中。隐私的缺乏正是个体权力丧失的体现。

---

① 晒客：晒即英文 SHARE。晒客指乐于将自己的收藏、喜好甚至隐私在网上公布，与人分享，任人评说的一类人。

② Yulei121234：POLO 车会论坛帖子，http：//www. poloyes. com/bbs/viewthread. php? tid = 40104。

作为都市的一个具体部分，写字楼空间的命名、划分、安排等都体现出权力的运作。但是，空间权力并不仅仅局限于“生产”和“处置”，它还担负着“优化”的职责。所以，电梯里装饰着通透的玻璃和镜子，把乘梯人的注意力吸引到自己的面容或者楼下的景观上去；工位隔断则在某些角度提供庇护，让办公室里也可以容纳私人行为，大大增加了亲切感。这些人性化的发明设计使强横的权力在心理上显得柔软温馨，使都市空间被监控的实质更加隐蔽。

绿地主张轻松和休闲，大堂提供慷慨的免费服务，内部空间尊重私人权利，写字楼的这些部位试图对传统工作的异化状态进行反拨。但是一旦被纳入社会工作的整体系统，异化就必然存在，因而这种反拨是尴尬的、虚幻的、似是而非的。绿地上休闲的逻辑以闲暇的外表遮盖了紧张的实质；大堂里的面子经济是精打细算后虚伪的铺张；电梯工位等内部设计中权力的控制无所不在，私人空间荡然无存。小小写字楼反映出人们对自由、自我的渴望和对自由、自我追寻却不可得的无奈。

社会上规矩、秩序无所不在，尤其是各色人等八方云集的当代都市，要将讲着各式“英语”、传承各国血脉的人组织得井井有条，秩序更是不可或缺。明文规定自然重要，但有时那些潜在的、隐形的秩序却更加强大。因为它们把自己装扮成都市的基本品格。当环境的异化愈演愈烈、自然与本真离都市人越来越远的时候，隐形秩序为约束添加了一层朦胧的装饰。通过模拟自然性，隐形秩序显得不那么生硬直接，而是一边规训一边抚慰，让身陷其中的人们体会到一种发自内心的从属感，仿佛一切都是自发行为，并因这些行为而确认了自己的都市人地位。

写字楼的空间意义

当今都市中的写字楼以特异的外形和对空间权力的占有、支配更新了人们对传统建筑的观念，成为独特的人文景观。写字楼空间含蕴丰富，既是开放的，又有一套独特排他的空间语汇。对写字楼的命名体现着权力变革。写字楼内部空间的封闭与开放、功能的集约和分割看似矛盾，却又融洽结合，具有多种解读的可能性。写字楼迅速占据都市景观的过程打断了城市文化缓慢的步伐，更新了城市面貌，也参与了新都市文化的建构。

接待首次来北京的朋友，我喜欢驱车带他们在东三环上兜风。这是当今北京最具现代感的景观：宽阔的高架桥、缤纷的霓虹灯、清澈平静的通惠河、修剪得当的绿地……特别是那一栋栋奇形怪状、各行其是的写字楼，每一栋背后，都埋伏着一个汇集了财富、技术与虚荣的都市神话，令如今的北京人津津乐道，乐此不疲：其中的“老大哥”京广中心高 209 米，自 1990 年投入使用后便独霸“北京之巅”称号长达十余年。长安街边的国贸中心是京城顶级写字楼的头牌，其三期新楼又成为如今“京城第一高”。对面银泰中心是时尚的代表，它顶端的环形大堂和北京亮酒吧成为时尚名流云集的所在。南边建外 SOHO 以新型房地产概念取胜，那一群简洁的白色建筑造就了地产明星潘石屹的传奇。东北侧央视大楼的名气则不仅仅来自颇富争议的造型，更是由于某年正月十五那场出乎意料的大火。

在北京这片土地上，长城、故宫、天安门等早已为人耳熟能详，没有了专门展示的必要，写字楼区域则不然，驱车走一圈，就能把北京的“高层”

尽收眼底。对国人来说，建筑的高度历来与身份有关，宫殿、王府、官邸的高度都有严格的规定和限制，大户人家高墙大院，平民百姓低矮匍匐，“高度”令人羡慕、值得敬畏。虽然如今高楼大厦已成平凡景象，但类似“北京之巅”“中国第一高”甚至“亚洲前三名高”的名头依然能显示出建筑强大的财势和丰厚的身家。

如今的北京是一座展示着空间奇迹的都市：推土机轻而易举地吞噬了沉寂的老城区，一座座写字楼在废墟上拔地而起。你完全找不到这些建筑的支点，它们还没来得及呈现与周边格格不入的态势，就已经没有了周边——一切都已经被写字楼吞噬了。它们是断裂的，完全改头换面的城市建设使得断裂的缺口和古老的根基都无处可寻。这些高大建筑没有过往，它们以奇迹般的现代建设速度占据了城市的地表，完全找不到缓慢生成的过程；同样，你很难预知它们的未来，因为它们在可与未来这一概念相联系之前，就已经被新的建筑所取代。一波波潮流的发展遗迹都排列在城市表面，每个建筑都各行其是地呈现着零散的语汇，它们是反主体、无中心的，完全体现出平面化、断裂、时空压缩的后现代观感。

一　当代建筑——偏向空间的媒介

在《传播的偏向》[①] 中，加拿大学者伊尼斯提出媒介具有“时间的偏向”和“空间的偏向”。偏向时间的媒介比较笨重，虽然不利于运输和传递，却具有时间上的持久性，如石碑、铭文等，可以代代传承，方便知识的纵向传递；偏向空间的媒介比较轻巧，虽然易被销毁，却能在很短时间内大面积散发，方便知识空间横向传递，印刷术普及后的报纸便是此例。

伊尼斯将建筑看作偏向时间的媒介。的确，在技术尚不发达的时代，人类建筑经历了一个缓慢而悠长的发展过程，每一个倾斜角度、每一道构架方式都是一代代体验和操作的结晶。虽然可能欠缺现代物理学的精确指导，但建筑技术却在历史的长河中日臻完善。历史上的建筑追求经典性、完美性，

---

① 伊尼斯：《传播的偏向》，何道宽译，中国人民大学出版社 2003 年版。

力图在存世的顶峰更上一层楼。然而，在当今信息传递极其便利的文化中，所有媒介都开始偏向空间，工业化大规模复制使得传统情景下需要多年历练和沉积的手艺成为机器短短几秒的产物，石碑、铭文、金字塔被轻易地建造和复制，以荫庇子孙为目的的祖宗家业转换为以扩张和消耗为目的的全球性投资，时间的偏向逐渐式微。

当城市以前所未有的速度变换着面貌，建筑的外观、功能比持久性更令人关注。而时尚的易变更强势地主宰着建筑理念，在功能未必落后、外观尚未破旧之前，许多现存建筑已经被更新换代的时尚需求淹没。当今建筑不再追求成为经典，而更期待创新和与众不同。人们把现有的空间切割成无数小块，将现存的建筑推倒再建设，甚至将历史遗迹整栋搬迁、异地复制——建筑的迁移轻而易举。我们的时代完全由空间统摄，不仅仅是以往的三维空间，虚拟空间的增加更助长了空间的力量。一切都是空间化的，即便是写字楼这种在物理上难以随意移动的建筑，也通过信息和数字的方式得以延伸，将整个世界笼罩其中。当代建筑已日渐偏离时间，而成为偏向空间的媒介。

建筑任何时候都不是单一的，它由设计者的理念、使用者的理想、外在的结构、内里的材质以及显在形态的观感与内在使用的功能等共同构成。历史上的时间和空间是相对的概念，在偏向时间的延续之后逐渐过渡到注重空间的扩张。写字楼可以被看作时间与空间综合的产物，它的外形以及在城市文化中的位置，给人以新异特殊的印象，每栋“世界第一高楼”都不可能永占第一，只是为了最大限度地扩大空间影响力；而作为经济事件发生的场所，当代人创造财富的环境，写字楼内里却蕴含着积极进取、注重效率、服从和一致的严谨态度，这种态度使它作为一种综合文化体系具有时间上的延续性。

二　写字楼空间的多意性

一只蝴蝶在亚马逊流域轻轻扇动翅膀，便可能在密西西比河流域掀起一场风暴——这是美国气象学家洛伦芝（Lorenz）于 20 世纪 60 年代提出的“蝴蝶效应”说，意指一件看来非常细小的事情，可能通过一系列演化而在看似不相干的领域产生巨大影响。当代世界是开放和关联的。各专业的渗透、学科的交融、政治经济文化领域的互相影响导致任何变化都可能引起蝴蝶效应。如果把社会上蝴蝶效应产生的过程看作一个反应链，这个链条上大多数节点都在写字楼里。作为互联世界里的一分子，写字楼处于高度信息化水平之下，它是开放的，同时又具有不可替代的排他性，二者共同赋予写字楼空间多重意义。

写字楼的开放性从外观上表现为玻璃幕墙的大面积应用、广泛追求通透的观感以及模糊民族界限、地区差异的世界型语汇。玻璃幕墙和屋顶不仅仅是建筑外观的改变，它可以说是建筑从农业社会到工业社会变迁的标记；或者封闭的民族国家从偏安一隅、自给自足到被世界潮流裹挟的一个无奈又必然的历程见证。第一座全玻璃建筑物出现在1851年伦敦的首届万国博览会上[①]。在维多利亚时代笨重坚实的建筑风格中，这件被称为水晶宫（Crystal palace）的作品以晶莹剔透、光彩夺目的全新风格脱颖而出。在建筑技术上，它成为现代玻璃帷幕大厦的前驱；从历史时段上看，它的出现也极富意义。古代建筑大多呈封闭保守的态势，中国历来以含而不露为美，当门一道影壁将内里与外界完全隔开，建筑选址也要有所遮拦，把自己掩护在山谷中。西方建筑虽然喜欢突出自我，但地处险要，却同样堡垒森严。那些窗户狭小的砖石建筑中，幽暗寒冷的环境和普遍存在的密室将神秘性发挥到了极致。水晶宫的通透是一个转向，它象征着从封闭保守的地方性到开放和互通有无。从这以后，建筑从坚固耐用向美观时尚转变，世界原本各具特色的地方都踏上了全球一体化的进程。

写字楼空间的开放性既体现在它的外在空间，更体现在它内在的物理空间和人文空间。全球化是开放的一个步骤，写字楼就是这种开放的集中体现。对于一座合格的智能化5A写字楼来说，到处都能看到全球化痕迹：三菱（日本）、西门子（德国）的电梯，思科（美国）、华为（中国）、北电（加拿大）的通信设备，海尔（中国）、LG（韩国）、大金（日本）的空调——不管它根基扎在哪一国的土壤中，楼内的设备选购都完全向全世界的先进制造者开

① 詹姆斯·特拉菲尔：《未来城》，赖慈芸译，中国社会科学出版社2000年版，第73页。

放。写字楼管理同样向具有全球经验的物业公司开放招标，以恰当的价格和服务为选择的最终依据。越来越多的外企入驻写字楼，透明的写字楼象征着透明的运作和公开的制度，本土企业学习美国、欧洲、日本的先进管理经验和制度，而国外企业也在积极进行本土化，双方从试探到契合的过程需要开放的态度和充分的沟通。以通透的玻璃幕墙为发端，写字楼的开放程度越来越大，开放成为一种从外向内一以贯之的态度。写字楼没有地方色彩和地域限制，全球化的设计和建筑团队给了它们一种全球化的开放风格。写字楼通体亮丽，剔透闪烁的不仅仅是外部装潢等硬件观感，更是一种经济语言的全球通行和融会。

20世纪90年代，写字楼初在北京现身之时，因袭了传统办公楼管理严密、戒备森严的作风。所谓"客户至上"是楼内的客户，外来者一律处于下风。保安或前台小姐高高在上，对来访者进行盘问甚至要求出示证件。但随着租用流程的顺畅、客户更新速度的加快、商务活动的频繁、快递外卖的增加，这种不够开放的、以楼内为尊的态度很快就转变了。所有人都是客户，外来者作为楼内企业的潜在客户，更是马虎不得。前台完全从主动问讯的管理者转变为协助应答的服务人员。另外，银行、商店、餐厅、咖啡、便利店等公众场所在写字楼内落户，也使写字楼被动开放了起来。这虽然使派发广告者穿梭自如，但这种文化的开放态势的确减少了工作流程上的障碍，为高效发展提供了便利。写字楼空间的开放性使之区别于传统的办公楼，它不再有进入的限制，抹杀了层级的不平等。其中的面积占有与租赁者的经济实力等量齐观，基本实现了一视同仁，向所有公众开放。任谁只需有一定额度的金钱，就能够拥有相当范围的空间。

但开放与平等并不意味着泯然众人，写字楼空间的排他性也同样普遍。个性张扬的外建筑形态不必说了，其内在功能的排他性更是在表面人性化的掩饰下凛然不可侵犯，使写字楼里的人也无形中拥有了某种身份和权利。

日常生活中有许多排他的空间已为人们司空见惯。行政机构的院墙、胡同口的"禁行"标、办公室的"非公勿入"，甚至洗手间门上的性别指示，都划分出专属的、排他的空间。写字楼也是这样一个体系。这种排他性极其严密，利用人们思维的惯性把某些地方隐藏起来。写字楼工作人员甚至管理人员，接触的空间只是楼宇的一小部分。即便是设计施工人员，由于专业划分也只负责自己的领域，了解整栋楼宇空间的只有极少数的总成人员。独特的建筑话语造成了空间的隐晦和割裂，而设计者的巧妙用心更使写字楼有了迷宫般的性质。越是先进、智能的写字楼，越容易让人迷路。这样的建筑与其说是为使用者服务，不如说是为了表达设计者的才智，以环境暗示、路线设计制造出一套专门的话语秩序，对使用者进行考验和捉弄。多数普通人会有写字楼内迷路的经历，即使是自己天天上班的写字楼里，也有一些陌生空间，使人一踏入便不知道置身何处。地道、逃生出口、步行梯、裙楼与主楼之间的通道等就属此类。由于功能需要，它们不能被锁闭，但入口常常设置在隐秘的地方，只有不熟悉者才会迷路误入其中。一旦进入，想要迅速通过就成了不可能的任务。在写字楼里很容易失去方位，各个空间自成一体，走廊里也鲜有人来往。写字楼走廊通常全封闭，采光好、有窗户的空间留给办公区，过道里目力所及净是统一光洁的石材。在这看不到整体，寻不到特征的局部中，难免生出“只缘身在此山中”的感叹。墙壁上的逃生图是写字楼唯一公开揭示自己内部秘密的方式。图纸是整个空间的微缩，它试图帮助人们建立起全局感，找到自己的位置。微缩化、二维化过程通过图纸揭开空间神秘的外衣。图纸是权属的标志，早在人类着手绘制第一份世界地图时，就“开辟了把空间看成是对私人开放的道路……1579 年，英国各郡地图的出版使英国人得以有效地在视觉上和概念上拥有他们生活于其中的自然地理上的王国”[①]。地图强化了在民族忠诚的框架内个人和地方的联系，让他们真正成为国家的主人。宣传图、效果图、外观图、楼层平面图之于写字楼就像地图之于国家一样，它们构筑起人们对共同空间的形象认知，加强了其归属感。以图纸向内部人员展示空间所有权，以特殊出入口和默认路线让外部人员感受到不易掌握的界面，两种截然不同的态度使得写字楼空间在开放的同时意味深长地暗示了主客体的区别。

---

① 戴维·哈维：《后现代的状况——对文化变迁之缘起的探究》，阎嘉译，商务印书馆 2003 年版，第 285 页。

三　写字楼——期待阐释的意义空间

写字楼空间的开放与当代都市文化息息相关，为人们开启了充分解读和阐释的途径；而排他性又使这一空间自成一体、与众不同，具有独特的吸引力。从写字楼空间的权力性、封闭性、功能性等几方面解读其意义，可看到独特的建筑空间语汇在当代都市文化建构中的作用和地位，也可挖掘出诸多当代都市问题的根源。

（一）空间的权力性

开放的写字楼在外观上为公众拥有，而排他的内部空间只有部分人掌握。这种对立统一反映出了写字楼空间的一大特点：空间的权力性，即场域争夺和符号身份。

当代空间权力地位的衰落在“广场”概念的转变中体现。对国人而言，“广场”一度有着特殊意义和十足分量，能够不加定语直接说“广场”而为人们心领神会、不产生歧义的只有一个，那就是天安门。它是全中国的中心，有着心脏一样的重要性。“广场”因“天安门”而成为全中国人的认知共识，新中国的城市广场大都以天安门广场为原型：它应该是一个城市的中心开阔地带，位于政府机关附近，是群众集会的场所，也是政治运动中标志性的“阵地”。随着中国社会政治色彩的淡化和经济比重的增加，城市主题从激昂的政治转向和谐的生活休闲领域，一些沿海新兴城市广场的开发启动了广场概念的第一次转变：从一个严肃宏大的象征性中心过渡为公共休息、娱乐、轻松闲适的所在。广场从生死攸关的城市“心脏”转变为司呼吸之职的城市之肺，市民们到这里来透口气、喝杯茶、散步聊天谈恋爱，摆脱一天的繁忙。而随着写字楼的逐渐兴盛，五花八门的名称多了起来，当人们仅凭“东方广场”“时代广场”“丰联广场”“中环广场”等名称就试图在繁华的北京市中心寻找一块块空地时恐怕会失望。他们看到的不是心目中的“广场”，而是一座又一座的写字楼。这些楼间的距离虽然不小，但充其量也就是个绿地，有的还兼作地上停车场，无论如何也难与以往的“广场”概念联系起来。这些号称“广场”的写字楼彻底颠覆了“广场”的经典形象，改变了语意，把一个有强烈政治暗示和民族历史情结的名词转化为一个建筑单位，一个综合功能的写字楼，一个日常消费娱乐的所在。

“广场”指代对象的变化反映了城市主题中场域力量转变与写字楼的关联，而写字楼本身也体现着不同力量的此起彼伏，在外观显现和内部冲突过程中，上演着场域争夺战。每一栋写字楼都是权力场的集中地，经济、文化等因素互动制衡。从外观上看，作为设计师的独特表达、城市的个性语汇，写字楼强调张扬、新颖，散发着一种不落窠臼的后现代气息。而作为经济实体的聚集地、媒体事件的发生地，写字楼又要注重产出，强调效率，崇尚的是资本积累和财富增长，这与现代社会发端的创业精神合拍。写字楼内也一样存在争夺。创新是发展的源泉，创意产业强调个人的力量和灵感，需要旁逸斜出、各显神通的文化氛围；此外，服从是执行的动力，要整体协作、循规蹈矩，才能实现经济效益最大化。

各种权力之间的较量是一种场域力量的暗中争夺，而以符号标志的象征性权属则比较明了。楼宇的冠名是符号身份的显现。冠名意味着这个名称将作为城市、国家乃至世界网络上的一个节点，与具有历史、政治、文化意味的其他建筑一同在地图上平起平坐。这对于冠名者来说无疑增加了无形的荣誉。当然，与无形威仪相伴而来的，是令人咋舌的楼宇冠名权代表着空间权力和荣誉的转让。这种权力的争夺甚至进入了大学校园。许多校园里都能看到企业家捐赠冠名的“逸夫楼”“英东楼”，但清华大学的一栋“真维斯楼”却成为人们的笑柄。

如今的北京城市建设总体呈现出追求新奇、讲究地标的特色。写字楼有如国际贸易中心、环球贸易中心、财富中心者，是完全开放的纯粹写字楼。名称突出国际化趋势，聚焦经济卖点，号称“中心”以吸引更多的企业租户聚集。而中纺大厦、中服大厦、保利大厦等，则明晃晃地报上自家姓名，“大厦”的称呼也突出了独一无二的气势。这种把标签贴上脑门的做法虽然有些类似某些人买名牌一定要配有显眼 LOGO 的行径，但独门独户显示出了业主财大气粗的实力。其实，名称只是楼宇的产权归属而非用途，这些财力雄厚的大企业不一定需要使用下属写字楼全部空间，有的则纯粹将建设写字楼作为投资，楼宇中不乏向公众开放租赁的空间。写字楼大堂里一般立着水牌，通过它，楼内企业名称和楼层一目了然。这种做法与为整栋写字楼冠名异曲同工。水牌上的公司名称既起到了指示作用，也说明下列空间的归属，不相干者敬请规避。

写字楼的楼顶和外立面广告，是象征性权属的又一类型。没有独栋冠名写字楼的企业，通过楼顶广告或外立面条幅、标牌等来取得象征性权属。它也将权属的"象征性"发挥到了极致——不管是不是写字楼的客户，在该楼内是否占有一席之地，在楼房外悬挂了广告，整栋写字楼就都成为其形象的一部分。在楼宇广告中，位于北京城市主干道三环东北角的京信大厦可谓最具优势，大厦正对主路的外墙整个是一面巨大的电子广告屏幕，所有驶至三元桥附近的车辆都难逃被其"广告"一番的命运。

图 1　制服的从属关系

与空间的租赁、象征性权属的广泛认可同时出现的，是空间身份的产生。在写字楼里，身份与场所相关。写字楼的内部空间有一种标志化的权威属性。职能部门、管理部门各有各的空间，在本部门的空间内具有权威性；到了别的部门，则需尊重其他部门的权力。这是企业顺畅运作的要求。一般来说，职位越高，拥有的空间越大，不过，写字楼前台小姐却例外。作为写字楼的形象代言人，前台小姐往往拥有一个比普通工位宽阔得多的大台面。因为前台小姐是写字楼的形象，她们的相貌是否青春靓丽，气质是否优雅得体，服装是否高档整洁，甚至拥有的空间是否豪华宽敞，都是业主的炫耀性消费。凡勃伦在《有闲阶级论》中提道：门客、妻儿、仆役等协助有闲绅士消费他们过剩的财富，形成代理消费。这些人的消费是属于主人的，由此增进的荣誉也是对主人生效的，他们的消费体现主人或保护人的投资。[①] 写字楼豪华宽敞的前台是内部业主空间权力的炫耀性显现。

（二）空间的封闭性

封闭空间分三种：一种是主动封闭，即人们由于社会规范、礼仪等原因主动规避的空间；一种是被动封闭，即出于建筑、场所的正常运作、管理等考虑闭锁起来，不允许公众进入的空间。这两种封闭无论是出于社会传统、习俗，还是楼宇安全考虑，都属于强制封闭，具有较为清晰可辨的界限，一旦逾越会冒犯公序良俗；还有一种是象征性封闭，它没有明显的物理分隔或社会规范，却存在象征权威。

写字楼的办公室是主动封闭的空间。在公开租赁的写字楼里，一栋分租或一层共用都很常见。想保护办公环境，做到不被打扰也不打扰他人，需要办公人员主动规避干扰。在这里，人们行动目的明确，除非有工作往来，绝少去同楼其他公司。《LADY 格调》杂志社位于北京东四十条美惠大厦，由于业务需要，不时有高挑时尚美女进出，引得旁边 IT 公司里的年轻小伙子们心猿意马。虽然频频行注目礼，在工作之余饱饱眼福，却没有人真的过去搭讪，他们遵循着主动封闭的原则。诸多公司位置紧凑，宛如邻里，但写字楼的环境却犹如一堵无形墙壁，将各个公司置于独立世界中。主动型封闭空间代表着社会对人们的规训，也是经济实力和信息技术达到一定水平后建立起的环境秩序。

从建设工地开始，写字楼中就被划分出一些被动封闭空间，如中控室、电梯机房、空调设备间、货梯等。这些地方以锁闭的门扇为标志，虽然十分隐蔽，却至关重要，与写字楼的正常运作相关。由于技术含量越来越高，对人为控制环境的依赖越来越强烈，现代化写字楼里的智能管理远远疏离了自然，先进的技术能够更好地为人类服务，但有时也可能反噬人类。在电影《生化危机》中，由于病毒泄漏，高度智能化的大楼自行启动应急系统，将受感染变异了的恶魔和正常的工作者都锁闭了起来，大楼内成为传染性变异恶魔追逐、吞噬人类的全封闭杀场……如果电影带来的只是惊险的幻想之

---

① 凡勃伦：《有闲阶级论》，蔡受百译，商务印书馆 1964 年版，第 61—64 页。

旅，那么下面发生在国人身边的真实例子则切实让人心惊。2003 年 SARS 肆虐时，人们突然意识到写字楼是一个封闭的空间，它的中央空调、集中的内部循环系统、统一送风通道等，都能为以飞沫形式传播的 SARS 病菌提供传播到楼宇各个角落的便利。为此，包括国贸大厦、中关村大厦、东方广场、招商局大厦、京惠大厦、国企大厦等在内的诸多甲级写字楼都整层甚至整栋封楼。也是在这个时期，写字楼封闭空间的防疫能力才受到重视，华远尚都写字楼配备健康防护系统，左岸公社设计出了低密度高通风项目，SOHO 概念也开始流行。但是，直到如今，写字楼内部封闭空间的空气清洁度依然是重要问题，入冬时分，楼内人员轮流感冒的现象并不鲜见。被动封闭空间割裂了楼宇的整体以及人与外界的联系，破坏了自然空间里空气的均衡流动，人因而脆弱得不堪一击。

作为一个人员集中，工作性质一致，流程标准单一的场所，写字楼的公共空间没有特别逼仄的地方，但规范的装修和统一的设计却使内部显得压抑，为了淡化这种感受，写字楼内部空间大多敞开，采用象征性划分。在建筑格局上也不做具体的户型设计，而是通畅的大开间，一般以隔板、屏风、玻璃等隔断。轻薄的材料为办公环境划分出了象征性的封闭空间和权属范围。在这样的空间里，很难有秘密。写字楼人经常抱怨隐私受挑战：这里无处不是公共领域，连打私人电话都没有机会。办公室人员密集，走廊又因过度空旷导致传声效果极佳，私密话题无可遁形，即便逃进卫生间，也难知隔壁马桶上是否有一双敏锐的耳朵。半开敞工位只能维护有限秘密，要将个人隐私带入写字楼必须很有节制。尽管分隔出的象征性封闭空间非常容易逾越，它们的存在却依然具有权威性：偷窥他人的电脑屏幕、聆听他人的电话对答，或是主动与他人的客户攀谈都是不恰当的行为。电影《窃听风云》就缘起于写字楼里的偷听。在象征性封闭空间里，窃听的便利和严重后果的对比确实很有戏剧性。象征性封闭是写字楼的独特秩序，无视它的行为就像那则格林童话《蓝胡子》里描写的擅闯"蓝胡子的密室"——虽然闯入十分便利，无所不达的金钥匙就握在手中，但任意使用的结果依然是灾难性的——会使主人公成为触犯职场大忌的人民公敌。因此，写字楼内一些封闭空间虽然只有象征性的界限，却绝对不可逾越。

（三）空间功能的集约与分割

说起写字楼，多数人认为这不过是个“办公室集合”，而熟悉写字楼生活的人却知道，它的功能已发展得极其丰富，堪比一座小城市。“集约和分割”这一对看似矛盾的命题，在写字楼空间的功能配置上巧妙地统一了起来。

办公空间的高度集中衍生了大量人群的消费、生活需求。这群人在文化、教育背景、审美取向、消费能力方面相对一致，因此，写字楼内的商业、生活配套也带有一致的风格。写字楼追求规模效益，商业形式也力图发掘品牌优势，星巴克、SPR 咖啡、7—ELEVEN 便利店等几乎已经成为北京时尚写字楼区域的标配。另有一些挑选、购买时间较长甚至需要保持顾客身份私密性的商业也栖身于写字楼，如高档时装定制、造型或摄影工作室等。类似小众定制型产品通过写字楼里相似经济水平与喜好的人们口口相传，成为阶层私享。写字楼的独特环境使它得以容纳各种各样的小型商业场所，它们不仅涵盖了办公、生活、娱乐所需，更有象征阶层身份的商业形式，使得写字楼在物理空间之上，更多了些文化意味。内容的多样让写字楼空间具有集约化特征，“商住两用”建筑更将全功能、集约化发挥到极致，它甚至打散了人们通常的上下班时间和工作与家庭的概念，“以办公室为家”从过往对劳模的尊重转换为当下潮流人士的日常居住工作模式，这一切都与社会大趋势紧密切合。综合一体的办公环境强调便利性，信息化过程将世界变小，技术的发展使需求不断增加，后现代的混搭、杂糅以及内爆等概念，混淆了世界原本清晰的边界，人们对一栋建筑的需求，也从单纯的实用性空间扩展为高大、美观、全功能的综合性空间。

这种集约化的写字楼就是詹明信笔下的“超级空间”。在《晚期资本主义的文化逻辑》[①] 一书中，他通过对鸿运大饭店建筑风格、功能的讨论，分析了后现代主义影响下的都市。设计者力图使建筑如此完善，以无所不包的最全面的方式示人。它是先进技术和信息的展示地点，打消功能界限，演示一种总括型的庞大的生活方式。它能够涵盖所有意义，是都市集约化的缩

---

① 詹明信：《晚期资本主义的文化逻辑》，陈清侨等译，生活·读书·新知三联书店 1997 年版。

影，所以被称为“超级空间”。美国最高的住办合一摩天大楼汉考克中心就是这样的超级空间，它顶部44层是豪华公寓，往下是23层办公室，6层有停车场，5层有购物场所。住家和办公室之间有一层公共空间，包括健身房、游泳池和可以送货到家的超市。理论上，一个人可以从大学毕业以后就走进汉考克中心，一直到退休那天才走出来。[①] 而北京长安街沿线东三环内外，也以一条地下通道贯穿了几栋高档写字楼，涵盖办公、饮食、居住、购物、休闲等几乎所有功能。同时，外延的外卖、网络、地道等是这种空间的扩张，它们的联手几乎使得空间无所不包。

在集约化的写字楼空间里，你可以找到适当的地点饮水、抽烟、进食、休息，维持日常工作所需的功能基本都被满足，然而，请注意，这些功能都必须在特定的地方实现。就像一辆火车被分出了餐车、软硬席和不吸烟车厢一样，写字楼也被划分为一块块功能区。虽然功能众多、应有尽有，但一切行为必须在所配置的特定地点完成。从写字楼责权的划分开始，分隔性就流露出端倪。所有权和使用权的分离令写字楼内空间的功能虽然多样，却缺乏全面的整体规划，以致离开了某功能区，就连一些最基本的需求都不能满足。例如，写字楼的每个公司里都有打印、复印等设备，上网更是轻而易举，而一旦离开自己所属的公司，在写字楼里需要利用信息环境，就会遇到很大的困难。由于单个公司设备完善，大多数写字楼未设公共信息服务，这意味着所谓全功能的写字楼即便是满足最基本的办公需求，也是有限制的。在陌生写字楼内，那些提着笔记本寻找无线网络环境收加急E－mail的商务人士，全然没有了在自已熟悉环境的泰然。正因这些空间分割过于明确，星巴克之类提供无线上网的咖啡馆才在写字楼群里备受欢迎。虽然通透的外观、内部随意组合的开间，让人感觉写字楼里空间很大；但一个个隔断却完全打碎了空间的整体感，给人以破碎的感觉。众多小办公室里聚集了众多小公司，工作时间各家独立设定、人与人之间互不往来。而上下班时，他们又聚集到早晚高峰的人流中，挤着同一列地铁，或是踏入同一家餐厅，点同样的菜。这种人与人之间时而分散、时而集中的聚合方式，是写字楼对人们作

① 詹姆斯·特拉菲尔：《未来城》，赖慈芸译，中国社会科学出版社2000年版，第209页。

息和生活的设置。

对熟悉写字楼的人来说，在有些空间里，分割化和集约化的共生是不得已的选择，也是聊以自慰的方式。集约化的写字楼区域里通常不止有办公、商业区域，也整合了休闲娱乐场所，然而，空间安排的零散分割又使这种休闲偏离了实质，成为自娱自乐的休闲符号。在潘石屹的招牌作品"建外SOHO"写字楼群间的小广场上，立着一座规模不大，却很显眼的旋转木马。红色的底座，蓝色的伞盖，金色的镶边……电铃一拉，彩色的马匹就伴随着叮叮咚咚的音乐旋转起来。散步的人在此驻足，约会的人在此见面，旋转木马连同周遭雪白透亮的建筑物一起，形成了公众心目中建外SOHO的标志。木马启动时，整个世界都在简单又轻快的旋律中此起彼伏，它将繁华都市的写字楼空间置换为童年时最渴望的游乐场。旋转木马呼唤着人们未泯的童心，成为写字楼阶层的休闲符号。

为获得更高的效率，保存旺盛的精力，写字楼内部一般没有过多装饰，简单划一的内部环境最大限度地从人们的视野中淡化，只有这样才能使人忘我地工作。然而，随着越来越多过劳猝死和不堪精神压力自杀的现象在写字楼里出现，休闲的必要性凸显出来——旋转木马就是休闲的浓缩表达，它代表着写字楼里暂时性的轻松。北京东三环财富中心的屋顶花园、西单中国银行大堂的竹林，甚至横穿金融街写字楼区域的美食步行街，也都有类似的作用，它们是度假和休闲的标志符，人们借由这个符号展开关于休闲和美好生活的幻想。可惜的是，木马虽然令人称赞，但它很少开动。这座木马安置在开放的小广场上，四周都是高大的建筑。它好像展品一样毫无保留地呈现在写字楼的视野之中。坐在木马上，可能遭到无数双眼睛居高临下俯瞰，它令人想起福柯所说的"全景敞视监狱"中观看和被观看的不对等关系。乘坐木马的人好像环形监狱中的囚徒，他们在木马上的一举一动被高处的人一览无余；而写字楼里的人们则充当了监视囚徒的狱卒角色。因此，旋转木马所代表的休闲是一种永不能被实践的，专供写字楼人聊以自慰的符号休闲。

强行将工作场所与休闲场所集中的方式使写字楼空间看起来十分丰富，但整体设计的不连贯又导致了空间过渡时的断裂。集约化和分割化不仅是写字楼功能的两个方面，更是整个社会全面整合和极化分隔的大趋势。通过对物理空间的累加和利用，通过以虚拟场景对空间的延伸，人们拥有的空间增加了，接触的信息和人员也更多，写字楼把个人变得更强大。然而，地球却逐渐缩小，所谓“地球村”“内爆”等理论，正是对空间功能的整体性和分割性的又一种表达。

写字楼是一个时空压缩的地方，传播手段的集中、信息产品的汇聚使这里没有白天黑夜，也没有地域的界限。网络、视频、电视电话会，让虚拟在场越来越多地取代人本身，无法逾越的三维空间限制渐渐不再成为障碍，借助信息和影像技术，人们仿佛有了乾坤大挪移的本领，可以自如地进行时空转换。在詹明信所述晚期资本主义的文化逻辑中，那表意链的断裂，无延续无来龙去脉的意义碎片，正如同北京这二十年间以不可思议的速度拔地而起的写字楼景观一般，十分真实，却又是浮光掠影的表面现象，无法深入追究。写字楼以不可思议的速度在现代化都市拔地而起，它们迅速以主流的态势在都市文化中占据了一席之地。在绝大多数城市里，写字楼的诞生和发展缺乏根源和传承，仿佛被信息技术凭空移植而来。它们的影响力不容小觑，虽然打断了不少城市文化连续缓慢的发展过程，却无形中踏准了现代都市信息化的节拍。对写字楼空间意义的阐释，可以更好地从各个角度认识其复合性特质。通过写字楼这小小城市一角，可以探究当代社会新都市人群生活、交往方式，乃至城市的组织、建设和未来的发展。

三城记

——都市景观与作家心态

高楼大厦是当代都市最直观的视觉形象，它们不是单纯的建筑，而是城市语汇和文化地标，是都市矛盾的集中发生地。在香港作家倪匡的科幻小说中，高大的楼宇是探险的背景，给普通民众带来巨大的危机感。日本作家村上春树笔下的楼宇是冰冷、刻板、吞噬活力的失落之地。长居北京的邱华栋则以热切的笔调将写字楼描写成财富和成功人士的集中地，将物质极大丰富的现代化都市对人的诱惑以及青年人对都市的敬畏与向往表露无遗。在不同作家笔下，香港、东京、北京三座城市呈现各富特色的风貌，城市景观和城市文化孕育并影响着作家心态，而作家笔下的城市又构成城市文化的重要篇章。

巍然耸立的高楼大厦，瞬时上下位移的电梯、阴暗神秘的地下车库、明媚整齐的花坛草坪……在诸多现代城市景观中，高大突兀的楼宇无疑是一个重要的视觉意象。它占据黄金地段，成为重要的城市地标，不仅是一种具体的物质形象，也给人们带来独特的都市体验。当代作家的眼睛无法回避这些都市景观，对于他们来说，高楼大厦不仅是财富的积累或者照片的背景，还可能脱离单纯的建筑外衣，成为都市矛盾的集中体现，与都市人特有的快节奏神经联系，成为欲望标的和精神的桎梏。

西方强势文化的入侵、发达经济的诱惑、对技术进步的渴望，使多数亚洲国家和地区逐步脱离乡土的农业色彩，开始向现代化工业都市转变。这种转变最直观的表现就是诸多高楼大厦的出现。相对于东方传统崇尚含蓄、圆融的审美观，巍然突兀的楼宇是生硬、险峻的，但是都市化过程中却不得不以它来应对日益密集的人口和快速交流的需求。高楼越多的地方，似乎就越发达。香港、东京、北京这三个亚洲城市在发展过程中都经历了建筑外观的转变。这些转变不可避免地融化在了当地作家的心内和笔端。本文选取倪匡、村上春树、邱华栋的部分作品，通过分析以高楼大厦为代表的都市标志物在他们笔下的形象，比较不同都市在作家笔下呈现的风貌，以及都市文化对作家产生的影响。

一　倪匡笔下的探险幻境

卫斯理是香港作家倪匡在创作科幻类小说时的署名，同时，他也是系列科幻小说的主人公。倪匡 20 世纪 30 年代生于上海，50 年代去了香港，在经历了苦难的社会底层生活后，终以写作为业。其“卫斯里系列”以大胆奇特的幻想取胜，对外星球、森林沙漠、阴阳两界等都有涉猎，主人公也多非富即贵，不是武艺超群就是有特异功能。科幻小说需要新异感，特异元素必不可少，但在其众多作品中，《大厦》和《怪物》却比较特殊，它们将目光投向香港，以当代都市常见的高楼大厦为背景，以普通人生活为线索，让平凡的身边人在普通的身边景中经历了神奇的冒险，道出了困扰香港乃至所有当代都市人的那种在高科技环境中不知所措的恐慌。

以《大厦》为例：

> 这个故事发生在一个正在迅速发展，人口极度拥挤的大城市之中。
>
> 凡是这样的大城市，都有一个特点：由于人越来越多，所以房屋的建筑便向高空发展，以便容纳更多的人，这种高房子，就是大厦。

开篇便很有意味地说明城市的改变源于人类的聚集和欲望的膨胀，接下来对主人公身份的描述则揭示了城市中大多数普通人都与大厦关系紧密：

> 罗定就是这样的人，他是一个大机构中主任级的职员，家庭人口

简单，收入不错，已经积蓄了相当数目的一笔钱，他闲暇时间的最大乐趣，就是研究各幢分层出售大厦的建筑图样，和根据报章上的广告，去察看那些正在建筑中，或已经造好了的大厦，想从中选购一个单位。

下面是对大厦的描述：

那幢大厦所在的位置，可以俯瞰整个城市……大厦高二十七层，老远望过去，就像是一座耸立着的山峰，罗定望着笔直的大厦，心中暗暗佩服建筑工程师的本领，二十多层高的房子，怎么可能起得那样整齐，那样直，连一吋的偏斜也没有！……大堂前的两扇大玻璃门，已经镶上了玻璃，不过还没有抹干净，玻璃上有许多白粉画出的莫名其妙的图画。……大堂的地台，是人造大理石的，一边墙壁上，用彩色的瓷砖，砌成一幅图案。另一边墙上，是好几排不锈钢的信箱。

在这样一个平常城市中普通的大厦里，一个很平凡的中产男子遭遇了离奇经历。他所乘坐的电梯同时也是时间机器的入口，怪异科学家的失误将其中的人送到时间变慢了的“第四空间”，而运送的过程，就是电梯无限制地不断上升、上升……人的时间感和位移感遭到了挑战。不受人控制的不断上升比失足落入深渊的无限坠落还要可怕：坠落的尽头虽是死亡，但毕竟在人所能接受的逻辑范围内，并未逾越正常思维。而被未知力量操控不断提升，超出预期的无限上升，则强调了人的弱小和无助。上升是被迫的，终点遥不可及，因为无法想象而带来难以遏制的恐惧感……这种恐惧感经科学怪人之口说了出来：

“对不起，我从来也没有乘过电梯！”……他又道：“我不搭电梯，还有一个原因，是我很有点怕那种东西，人走进去，门关上，人就被关在一个铁笼子里面，不知道会被送到什么地方去，那是很可怕的事！”

电梯、大厦的威胁在其另一篇作品《怪物》中体现得更加直接。小说中楼宇的电脑被病毒入侵，开始了杀人行动，将俘虏囚禁在电梯槽内。作者这样描述道：

虽然电梯（或称升降机），已是城市生活之中，不可或缺的组成部分，没有电梯设备，根本不可能有现代化的大厦，每一个城市生活的人，对电梯也熟到不能再熟，每天都要进出好多次，可是，也不是有很多人，有过处身于电梯顶上的经历的。

处身在电梯的顶上，也就是直接置身于电梯槽之中，在黑暗而狭窄的空间之中，有着泛着机油的漆黑光影的钢索，直上直下地垂着，仿佛是通向地狱的指标。槽的四壁，粗糙而原始，完全没有修饰，和一墙之隔，经过精心布置的走廊，有着天壤之别，那是被人遗弃的部分，根本没有人理会它是美是丑，所以它也格外有一种它自已独特的冷漠和阴森。

向上望去，是一直向上的漆黑，不知有多高多深，狭窄加倍了深的感觉，仿佛是从地狱在抬头向上望。空气的对流，发出一种十分暧昧的声音，不是很洪亮，可是却努力想从人的耳朵中钻进去，最后能直透到人的脑中去，去实现它那不可测的阴谋。

一切都极其诡异，真难相信一座金碧辉煌、富丽至极的大厦之中，会有这样的一个组成部分，而且，这是极其重要的部分。

在营救被大厦俘虏的人员时，救援者打算停止电脑运作，大厦管理员说：“如果这样做，双子大厦就死了。”的确，没有电梯，没有空气调节，没有电力供应，大厦及其所在的声色亮丽的城市都会变得一片死寂。

倪匡青少年时穷困潦倒，甚至有以“宰杀老鼠、四脚蛇果腹”的日子[①]。初到香港，满街灯红酒绿、高楼大厦的物质景观必然对其内心造成冲击。那轻易征服高度的电梯以及深不可测的电梯井；那闪烁亮丽的霓虹在焦虑的都

① SAM：《再见倪匡：人生总有配额》，载《外滩画报》2006年第8期。

市人面部投下阴晴不定的光线；那肤色各异、语言不通的人们以及都市的冷漠与排斥的态度……对于二十来岁才从忙于“反右”的大陆去往香港的倪匡来说，实在是触目惊心。陌生都市的冲击体现在作品中，就是对“大厦”“电梯”等景观的恐惧。

恐惧最易诱发想象，对高楼大厦的不熟悉、不习惯更使能写擅想的倪匡浮想联翩。电脑系统的生命感，电梯门内外的空间变换，大厦直插入云的顶端……大厦由人类亲手创造，但这些强大的异物是否能永远听命于人？香港本地没有工业，从一个小渔村转变为繁华都市完全是殖民文化下生硬移植的结果，缺乏自然的成长过程，这也导致了外界环境与人们接受能力的疏离。在人们为科技进步而兴奋的同时，心中却仍存有顾虑和怀疑：在越来越舒适和先进的环境背后，好像永远藏匿着普通人无法理解的秘密。卫斯理故事不是一般所说的“都市文学”，也未涉及都市中特有的文化形式和人际关系。高楼大厦对倪匡来说与南极冰川、热带森林一样，是神秘而奇幻的背景，蕴含着发生奇异事件的种种可能。《大厦》和《怪物》之所以吸引人，正是因为其中建筑的生命感和异物感与普通人离得那么近。卫斯理的大厦虽然是幻想的产物，并不具有细节的真实性，却以感受的真实描绘出了香港人内心的焦虑和不安全感。

二　村上春树笔下的失落之地

20 世纪 90 年代末期，“小资”风潮席卷中国大陆，而成为合格都市“小资”的条件之一就是阅读日本作家村上春树的作品。村上小说的主要中文译者林少华在《村上春树作品中的都市文学属性——同中国都市文学的比较》[①] 中提道：李德纯先生于 90 年代初期为《挪威的森林》译本作序时，将村上作品称为都市文学；日本评论家松本健一也将村上的小说看作日本都市小说的前兆。在村上作品成为“时尚人士必读”之后，其都市文学属性更是

① 林少华：《村上春树作品中的都市文学属性——同中国都市文学的比较》，载《村上春树和他的作品》，宁夏人民出版社 2005 年版，第 70 页。

得到了广大读者的认同。

村上春树生于1949年，其青少年时期，日本正值“二战”之后全民奋发努力、经济飞速发展的年代。在其人生观、价值观日渐形成的过程中，他目睹了日本城乡静谧自然风貌的衰退和高楼大厦都市景观的崛起。他的小说贯穿着迷惘和感伤的情绪。不论是最广为人知的《挪威的森林》《遇见百分之百的女孩》，还是带有寓言色彩的《舞！舞！舞！》《奇鸟行状录》，读过都令人怅然若失。村上小说中那“脱有形似，握手已违”的冲淡情绪，似乎与活色生香的快节奏都市生活相去甚远。那么，为什么它们会被看作具有都市气质呢？

作为都市文学的村上小说，最迷人处正是其中的反都市情绪：一种穿越繁华后难以掩饰的寂寞，一种对都市中不断的竞争和功利态度的排斥，一种对乡村鲜活原生态的向往和追寻。而在现实中，都市生活日渐吞噬着乡村，人们的思想也无可避免地受到外界的浸染，想要实现梦想无疑很难。因此，他和他的主人公们在不断寻觅和不断失落的过程中建立起了一份对理想的执着和对外物的淡漠。这种态度正是在物质极大丰富、人与人的联系却越来越少的当代都市中成长起来的都市青年们共有的内在气质。因此，他的文字得以与都市脉搏相连。

在村上春树笔下，森林、海滩等自然风景能给人带来爱和温情，而大厦、电梯等都市的人造物却可称失落之地，那些冷僻而寂静的空间抽去了人所特有的原生活力，将他们卷入忙碌的都市体系中，变得冰冷、刻板又一丝不苟。如《世界尽头与冷酷仙境》第一部分中的电梯：“清洁得如同一口新出厂的棺木。四壁和天花板全是不锈钢，闪闪发光，纤尘不染。下面铺着苔绿色的长绒地毯。”虽然描写的是日常习见的电梯，但在措辞上已经把异样、敌对的气氛营造了起来。“……静得怕人。我一进去，门便无声无息——的确是无声无息地倏然闭合。之后更是一片沉寂，几乎使人感觉不出是开是停，犹如一道深水河静静流逝。”作者以内心感觉强调了电梯中的静、空、封闭和冰冷，与其说它困住了人的身体，不如说这个当代都市的异质空间及其所包含的现代技术给人们带来了内心的困境，使人变得孤立无援。

《东京奇谭集》是村上春树较晚近的作品，将爱偷东西的“品川猴”和可以自行移动的“肾形石”等匪夷所思的奇谈怪事放在了现代化都市东京。其中《在所有可能找见的场所》一篇与真实过渡得非常贴切。一位被焦虑症母亲、盛气凌人的妻子以及证券公司高强度工作包围的中产阶级男子以拒乘电梯来缓解现实的压力，却莫名其妙地消失在了大楼24—26层之间。小说中担负寻人任务的私家侦探也很怪异，他似乎对失踪者去了哪儿心里有数，并不关注事主的失踪，而对把失踪者带入另一世界的那个入口更感兴趣……在一切都可以被科学解释，缺乏神话故事的当代都市，所谓奇谈的发生并不是有什么超自然的力量，而是与自然隔绝过久的都市人紧张心灵产生的幻觉。楼宇是繁忙有序、充满压力的都市体系，身处其中的人们只能服从它的话语逻辑——搭乘电梯，呼吸排风扇中的空气，使用人工照明——如果想要抗拒，就必然消失。

村上并未过多参与都市生活，除了在东京的大学生涯及开酒吧的几年，他大部分时间都在旅行与隐居中度过，但他始终能够精准地把握住都市人的焦虑与失落。这种准确度一方面来自敏锐的感觉，另一方面也来自与城市生活的距离诱发的丰富想象。林少华在《孤独是联系的纽带——东京访村上春树》中曾提道：“他（村上）一年大半时间不在日本国内，有时在国外连住几年。又喜旅游，差不多走遍整个欧洲大陆（这也是他躲避干扰的一个有效办法，同时产生了大量的随笔和游记）。”[①] 村上偏爱自然，且自三十岁起就过上了修行般的作家生活，正因如此，他才能够用一个旁观者的目光去观察和体验城市，也因此，他对城市始终保持着一种陌生感，所以对都市的感觉也始终新鲜，未因日常惯习而熟视无睹。

具有讽刺意味的是，虽然村上春树并不喜爱甚至有些惧怕都市生活，但他的事务所还是设立在东京的一座写字楼内[②]——在当代社会中，即使再想逃避，也不得不被卷入都市的旋涡，这正是都市人无法逃脱的宿命。

---

① 林少华：《孤独是联系的纽带——东京访村上春树》，载沈灏《距离幸福还有几米？听大师们怎么说》，上海文化出版社2003年版。

② 林少华：《为了灵魂的自由——我所见到的村上春树》，载《村上春树和他的作品》，宁夏人民出版社2005年版，第8页。

三　邱华栋笔下的欲望之巅

随着中国大陆的开放，从 20 世纪 90 年代起，商品经济浪潮自东南沿海向内地席卷而来，一些善于把握时代脉搏的作家敏感地抓住了这一点，将消费时代的一些典型场景、典型情节引入作品，由此诞生了我国的都市文学。新生代作家邱华栋是较早涉及都市文学领域的作家之一。

邱华栋生于 1969 年，少年时期生长在新疆，后到武汉这个中型城市读大学，毕业后到北京闯荡。从新疆到武汉再到北京，是一个从偏远地区逐步向都市行进的过程。邱华栋是早慧型作家，中学时代就有大量诗歌和小说面市。早慧作家的一大特色就是感性思维丰富，善于观察外界。西部那异域色彩的自然风光滋养了他自由、奔放的心灵，而当年轻的作家带着戈壁滩的风尘来到大都市时，那拥挤、秩序和到处布满人工痕迹的城市景观无疑又是一种新的体验。在人造景观中，名胜古迹早已通过各色介绍为人耳熟能详，而新建的摩天大厦、豪华宾馆却是陌生的，它们不仅象征着财富、科学、技术，更是当代都市区别于乡村自然生活方式的集中体现，带给青年的冲击力远比长城或故宫更剧烈。它们才是都市最典型的代表，大学毕业后要在北京谋生的作家自然会发自内心地向往。

邱华栋钟爱写字楼意象，在他笔下，写字楼是都市形象的代言，是物质符号的浓缩体，是现代景观的必备场景。高大、富丽的写字楼往往与饭店、宾馆、购物中心等共同排列，集中出现，交织成一幅生动的都市画卷。

> 有时候我们驱车从长安街向建国门外方向飞驰，那一座座雄伟的大厦，国际饭店、海关大厦、凯莱大酒店、国际大厦、长富宫饭店、贵友商城、赛特购物中心、国际贸易中心、中国大饭店，一一闪过眼帘，汽车旋即又拐入东三环高速路，随即，那幢类似于一个巨大的幽蓝色三面体多棱镜的京城最高的大厦京广中心，以及长城饭店、亮马河大厦、燕莎购物中心、京信大厦、东方艺术大厦和希尔顿大酒店等再次一一在身边掠过，你会疑心自己在这一刻置身美国底特律、休斯敦或纽约的某个

局部地区，从而在一阵惊叹中暂时忘却了自己。灯光缤纷闪烁之处，那一座座大厦、购物中心、超级商场、大饭店，到处都有人们在交换梦想、买卖机会、实现欲望。

它的楼厦仍然像荒草一样在拼命往高里长。我甚至都能听到它们拔节生长的声响。

远处，一幢幢高层公寓楼、阳光广场、惠普广场的巨型写字楼矗立着。

——《手上的星光》

我无法拒绝那些日益长高的各种饭店、大厦、写字楼、购物中心、超级商场以及欧美快餐来威压我们。

——《环境戏剧人》

他们俩一同从建国门地铁站里钻出来的时候，天已经黑了。不远处的长富宫饭店、国际大厦和凯莱大酒店、九京旅游大厦共同构成了这一地域华美的城市夜景。……他们尤其喜欢在高高的半空明灭的那些楼厦的灯光，它们像一粒粒钻石一样闪耀，仿佛某种可望不可即的财富那样叫他们向往。再向东，赛特购物中心、国际俱乐部、贵友商场、京伦饭店和中国国际贸易中心依次排开，出入这些地方的人们华服盛装，表情镇定而又傲然，成为某种生活的象征。

——《生活之恶》

虽然对城市充满了赞颂，但我们发现邱华栋小说主角始终有种局外人或外来者的身份，对以写字楼为代表的物质景观既充满赞扬又带着批判。

《沙盘城市》开篇描写了写字楼、宾馆、饭店林立的都市景观。他说："这些高大而精美的建筑使得城市仿佛沙盘上的模型一般，精致、美好又缺乏真实感。"

《波浪喷泉花园弧线》中，写字楼简化为物质代表："但后来，这一切都变了，我突然明白我不是属于精神的，我是属于物质的，属于豪华酒店、高档写字楼、名牌名店和小轿车的。"

《翻谱小姐》中，开始追问物质形象之外的城市要素："那么，城市的要素是什么？是地铁、广场和街道吗？是火车站、写字楼和商厦吗？"

《如何杀死一棵树》里，作为城市和人类创造物代表的写字楼受到自然之力的挑战："那难道是一棵真正的树吗？为什么会比那么多的大饭店、写字楼、巨型商场还要高？"

《哭泣游戏》中，高大的写字楼象征着等待征服的美好未来，也反射出人的渺小和无力："当我站在长安街边上的国际饭店顶层的旋转餐厅凝望的时候，我所能感受到的就是一种惊羡与欣悦。我的视线从东向西，我看到了中粮广场、长安光华大厦、交通部大厦、中国妇女活动中心、对外经贸部大厦和新恒基中心这些仿佛是一夜之间被摆放在那里的巨型积木，就加倍地喜欢上了这座城市。……我在第二天就把我账户上悄悄地挣的钱还给了布耐特的公司，我走在东三环那一片豪华的写字楼与商屋的楼群之中，突然感到我是一个失败者。"

如此种种不胜枚举。在邱华栋的作品中，小说人物常经由某种都市化交通工具（小轿车或地铁等大城市特有的交通工具，而非公共汽车），经建国门向建外大街、东三环一带驶去——这是北京写字楼最早集中发展的区域。他对这里环境的重复和集中描写，并不是由于词汇或想象力贫乏，而是太过震撼。邱华栋特别喜欢罗列名词，与写字楼并列的酒店、宾馆等抽象称谓以及更具体的楼宇名称等，常常在其作品中铺天盖地而来。此时的语言节奏非常紧凑，运用并列、铺陈、排比等手法，使那些名词如同北京 CBD[①] 气势磅礴的高楼一样，不由分说地占据读者的视野。

在邱华栋小说中，都市景观、客观环境都具特殊含义，其重要性与人物一样，甚至超越了人物，是小说发展、人物行为以及命运的隐喻。从他的小说《花儿花》中反复出现的"写字楼"与人物命运的关联，即可看出城市建筑在其作品中的重要地位。故事发生在北京亮马河一带，写字楼在其中共出现 22 次，每一次出现都有很强的功能性：它首先展现都市诱惑，离间了身为编辑和大学教师——传统观念中稳定体面而又清贫的工作——的一对夫妇；之后又

① CBD 是英文商务中心区 Central Business District 的简称。

带来了第三者新新人类和第四者外国老板；最后，从杂志编辑到网站员工又与新新人类恋爱的男主角完全被现代化都市抛弃，变得一无所有；而从教师到白领的女主角则放弃了知识优势，以古老的性优势获得了都市战争中的胜利，奔向了令人向往的西方。作品中的花儿伴随女主角的到来和离去荣枯，隐喻着女性在都市中凭借自然力量（性优势）获胜，而男性及其所拥有的知识、金钱等后天优势在更强大的都市面前却是无力的。虽然带有性别偏见，但在拥有无数财富和知识积累的都市中，这种失落和无力感却道出了都市人的心声。

《花儿花》一文中写字楼第2、3、13次出现时的环境描写，与邱华栋的随笔《第三使馆区》几乎完全一致。以下文字就是二者重复的部分：

> 亮马河一带是北京新兴的商务区，这一片地区也是十分国际化的第三使馆区，分布了很多的高级酒店和写字楼。
>
> 亮马河地区是北京国贸桥一带的正在建设中的中央商务区的延伸地带……在最近的几年之间，要崛起很多的驻华使馆和高档写字楼以及公寓。
>
> 这里有希尔顿、昆仑、长城、凯宾斯基四家五星级的饭店，每天晚上，这里都是一片灯红酒绿和纸醉金迷的景象。有像普拉纳啤酒坊的纯正德国黑啤酒，还有顺峰这样大款和豪客请客可以一掷万金的地方；有真正美女如云的天上人间娱乐城，也有南美酒吧里的惹火性感南美舞蹈和歌曲；有“硬石”和“星期五”这样的美式餐厅让白领以及老外趋之若鹜，还有可以买到北欧一些珍奇花卉的莱太花卉中心，再有一个风景就是站街女郎很多，一度被称为“停鸡坪”。

在《第三使馆区》中，作者写道：“我觉得亮马河地区是当代北京一个最逼真和浓缩的景观，社会分层从大官大款大腕到高级欢场女郎以及低级站街女、民工，这里的生存景象的多层和多种空间以及它的国际化，都是最有代表性的了。”[1] 我们有理由将其中的“我”理解为作者本人，即“邱华栋

---

① 邱华栋：《第三使馆区》，http：//www.ycwb.com/gb/content/2006-07/07/content _ 1160480 .htm。

觉得亮马河地区是当代北京一个最逼真和浓缩的景观”，那么，《花儿花》中与之重复的环境描写应该是作者认为能最恰切地表达出时代特色的句子；其中的写字楼就是时代大潮中都市人的舞台。在《北京的显性和隐性生活》[①] 中，邱华栋又有类似的语句出现。虽然作为一个作家，这种行为很不可取，但如果我们把他想象成一个在都市纷乱背景下急于呼喊出自己内心感受、寻找同类的异乡人，就是可以理解的。

邱华栋的小说里充塞着具体形象，他笔下的物质符号绝非虚构，而是一个个切实可感的实在物。说到写字楼，他会列举一长串真实的楼名；说到女性，则无论环肥燕瘦，都必然有浑圆的臀部和异常饱满的胸。这些形而下的对象物，是欲望的物化形式。而云集美女和财富的写字楼在邱华栋心目中，是所有物质的集中体现，是欲望的巅峰。他曾在不同的小说中多次用“华美”形容城市，不由令人联想到张爱玲的名言：“生活是一袭华美的袍。爬满了虱子。”欲望巅峰是难以到达的，城市中一座又一座高楼崛起，仿佛人的欲望一个又一个难以满足。城市对邱华栋及其所代表的大都市外来青年来说，是否也如同张爱玲的生活一般，明艳华美却藏着难言之隐。隐晦的感觉不能示人，只好自己在风光的表面下强忍着些微的不愉悦。这种不愉悦并未达到令人要与城市决裂的地步，它表面的风光甚至让人向往、欲罢不能。

在香港、东京和北京的街头，摩天大厦都令人瞩目且含义深刻。香港于19世纪30年代就已高楼林立，触目皆是、见缝插针的高楼拥挤而热闹。东京则在20世纪60年代高达17%的经济发展过程中，迅速用高楼大厦换下了战争遗留的凋敝外衣。北京自20世纪80年代后期开始向经济中心发展，时尚现代的写字楼弱化了古老都城开阔恢宏的宫殿的光彩。在这些发展和转变中，不同的都市以其独特的景观和文化内涵滋养了作家。

作家倪匡20世纪50年代从大陆去往香港，其创作的旺盛期集中于60—80年代。这个时期香港繁荣稳定，物质极大丰富，虽然依旧处于英国的殖民统治下，但华人的社会地位和教育水平日益提高，逐渐形成自有的“香港

① 邱华栋：《北京的显性和隐性生活》，http：//www.huaxia.com/zk/ds/00171684.html。

文化”。香港文化是繁荣富有的——从尖沙咀向中环方向眺望，那个灯光亮丽、楼宇时尚的海湾是其最具象的体现。高楼大厦象征着香港的繁荣，却也带有浓厚的殖民色彩，西洋与粤地生硬的结合更使香港文化有几分尴尬。香港人既为优越的物质条件自傲，又因文化传统的断裂以及殖民文化的倾轧自卑。倪匡在感受与反思港人这种惶惶无依、惴惴不安心态的过程中，为摩天大楼、电梯这些时髦、高档的物体赋予诡异、陌生、排外的特性。既自傲又自卑，既向往西洋又期盼找到东方因缘，这种矛盾集结成香港都市文化的缩影。

日本作家村上春树生于京都，少年时长在神户，青年时到东京早稻田大学读书。京都拥有丰富的文化遗产和美丽的自然风光，号称日本人“心灵的故乡”。神户不仅以葱茏的山林、美丽的海港以及上千年历史闻名，其城市和海港建设更是神速，在短短二三十年内便跨入世界前列。东京是新兴的现代化国际城市，也是世界上人口最多的城市之一。三者的差距十分明显。村上从京都到神户再去东京，正值敏感的青春期，又是20世纪60年代日本工业化进程最快的时期，城乡静谧的自然风貌迅速被崛起的都市高楼大厦吞噬。伴随标准化的都市景观而来的，还有成年世界中人们忙碌刻板甚至神经质的做派。在日本，人们对孩子特别宽容，随着幼儿期的逝去，约束逐渐增加，到结婚前后，个人自由降至最低线。这个最低线贯穿整个壮年时期，持续数十年……[①]因此，日本整个国民文化中存在“媚幼”倾向，被称为“永远的男孩”[②] 的村上春树也不能避免。作家以孩子气的纯真对抗都市社会，前述环境的转换、童年的消逝等变化带来的不适应在其作品中体现为将科学技术、人造景观、都市社会秩序等统统表述为人文关怀的对立面。这种偏执和任性反而造就了特殊的艺术魅力，从一个方面反映出忙碌的都市人内心深藏的空虚和厌倦感。

邱华栋与以上二者不同。他的小说更加具象，以一连串的物质冲击读者的视觉。对于经历过计划经济时代限量紧缺的中国人来说，20世纪90年代初中期的市场经济转型最直观的体现就是消费品的大幅增加甚至过剩供给，

---

① 参见本尼迪克特《菊与刀》，唐晓鹏、王南译，华文出版社2005年版，第2页。

② 林少华：《〈海边的卡夫卡〉与村上春树》，载《南方日报》2003年6月6日。

人们在商品的大潮中无所适从：旧的价值体系轰然倒下，新的价值观念尚未形成。城乡差距迅速拉开，说起乡村，人们想到广袤的原野；而都市之所以堪称都市，就是有高楼大厦、商场、美女和老外。邱华栋以很少修饰的语言赤裸裸地描绘了当代中国人入主城市的急切心情和对金钱、性、事业的欲望，表达出了青年们生怕被急速成长的时代抛在身后的急切和惶惑。

三位作家在成长中都经历了环境的转换。其中，倪匡以一个成年人从当时物质极度匮乏的大陆去往香港，明白繁荣的经济意味着什么。现代化都市带给了他富足的生活，但这座陌生都市依然存在着太多陌生的危险地带，这就是他笔下城市景观妖魔化的原因。村上春树少年时代所熟悉的京都和神户在自然景观和历史文化方面胜过东京，他能够以平行的视角审视东京在现代化进程中的不足，通过创作对借“发展”为名舍弃人文传统的都市化过程进行讽刺和拒斥，他的小说是“反都市”的都市小说。邱华栋身上体现了我国有志青年比较典型的奋斗轨迹：他们成长于计划经济时代，青少年时期迎来市场经济的浪潮。在改革开放的种种机遇诱惑下，青年们一方面渴望都市的接纳，试图向物质投降；另一方面又无法摆脱价值判断的思想烙印，因此对物质仍然抱有怀疑和不信任。

城市景观和城市文化孕育并影响着作家，而作家笔下的城市又构成城市文化的重要篇章。在这种互动过程中，作为时代一分子、城市见证人的作家描绘出了各有特色的城市片段。在他们笔下，香港、东京、北京三个城市样貌各异：有的光怪陆离、危机四伏，有的冷漠刻板、缺乏温情，有的五光十色、时尚迷人。这种差异性既源于不同作者的生活经历、心路历程，也反映出不同城市的文化特色和时代大潮中城市人群的价值取向。

概念的空间和应用的空间

北京城市建筑中的现代空间理论运用

形态各异的新型建筑构成了当代都市常见的景观，对都市建筑空间多重意义的解读使空间研究从地理步入人文。现代空间理论的发展与都市建筑关系紧密，许多建筑不仅承担着使用功能，还是空间理论的对象和实践场所。梳理现代空间研究的理论发展脉络，辨析其间的传承及相互影响，对应北京都市空间案例进行研究，有益于探索空间理论与当代建筑的互动，挖掘其文化意味。

对当代城市来说，日益增加的高楼大厦成为其跻身国际化大都市行列不可或缺的景观硬件。高楼大厦不仅带来城市面貌的改变，体现着科学技术的发展和经济指数的增长，还引起了相关专业理论、学科研究的融合与转变，空间研究就是一例。空间一向包容着多重意义，尤其是建筑空间，不仅影响着所在环境，还对其使用者的心态、思维乃至文化产生作用。但在西方重视量化和精确性的科学体系中，作为学科对象的空间多年来却始终未能进入人文学科的视野。直到20世纪中后期，都市空间的增长才越来越多地使空间的政治、经济、文化意义凸显出来，对其关注逐渐超出使用功能。空间从单纯承载使用功能的场所转变为复合意义的人文概念，空间研究也逐渐成为人文研究的对象。在都市景象中，最直观的就是各类新兴空间。拔地而起的众多楼宇、道路、桥梁将都市空间分割得形态各异，而一些传统建筑也在新的环境中焕发出新的意义。当今北京兼容并包，众多建筑不仅担负历史、政治、经济功能，还共同构成了崭新的城市面貌，演绎着新的都市文化。本文回顾西方空间研究的发展过程与学理传承，结合北京空间建筑实例，对其背后的思想延传与理论内涵进行解读。

一　空间——从物理对象到人文概念

早期的高层楼宇出现在古罗马。当时，城市的繁荣发展和过大的人口密度使地面资源日益紧缺，高处的空间被利用起来以安置穷人。“公元74年的罗马城，虽然有庞大的人口，可其周界之小，简直令人可笑——只有19.5千米(12英里)。因此，这些城市形体一般不再向宽度方面扩展，而是越来越高，向上发展。罗马的市区公寓，如有名的福利古拉公寓区，街道的宽度仅及3—5米，可其高度却是在西欧难得一见，只有美国的一些城市可与之一比。在卡皮托尔神殿附近，屋顶已经达到山鞍的高度。”[①] 承受垂直上下带来的种种危险和不便成为贫困和卑微的象征。千余年后，随着人类的繁衍和聚居，现代城市中心的地段日益珍贵，对高层建筑的需求也越来越强烈。1852年，美国奥蒂斯发明安全电梯[②]，克服了向上发展过程中人们体力的限制和安全的顾虑；其后，钢的引进，使建筑高度在技术层面得到真正突破。拔地而起的高大建筑成为时尚，它们不再是穷困无奈的选择，而转变为财富的显示、实力的较量。

19世纪末，一场大火摧毁了芝加哥城，在其重建过程中，大批高层建筑耸立起来。芝加哥家庭保险公司高55米，是世界上第一幢按照现代钢框架结构原理建造的高层建筑；卡匹托大厦高91.5米，是19世纪芝加哥最高的楼[③]。这些高大建筑是20世纪摩天大楼的萌芽，也孕育了建筑学界的芝加哥学派。此学派主要探讨新技术在高层建筑上的应用及建筑在城市中的合理布局，对建筑形式的设计完全从功能出发，在他们的视野里，空间是“功能场所”的承担者，是单纯的物理概念，是一个被动的对象。在“芝加哥学派”等崇尚技术革新的理论引导下，20世纪初，美国大城市被摩天大厦风

---

① 斯宾格勒：《西方的没落》（第二卷），吴琼译，上海三联书店2006年版，第89页。

② 参见理查德·桑内特《肉体与石头——西方文明中的身体与城市》，黄煜文译，上海译文出版社2006年版，第352页。

③ 《疯狂的摩天楼》，http：//cn.cl2000.com/architecture/free/wen_012.shtml。

潮笼罩，一座座高楼争先恐后地刷新高度。建于 1913 年的 Woolworth Building 共 55 层，高 792 英尺；1927 年的克莱斯勒大楼 77 层，1046 英尺；不到 5 年后，这一高度就被帝国大厦刷新，它足有 102 层，1250 英尺，成为新的城市地标。

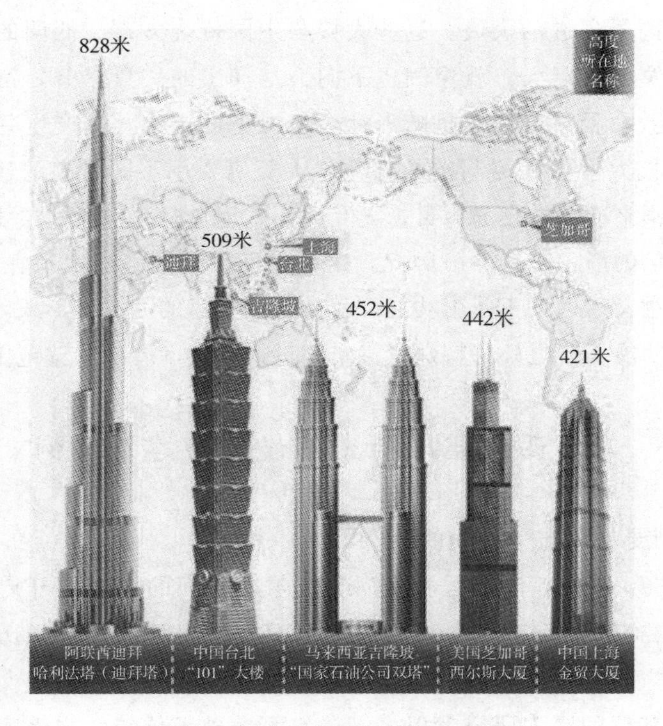

图 1　世界五大超高建筑对比图

高大建筑的崛起见证了科学技术的发展和资本主义经济的兴旺。然而，资本主义社会发展到一定阶段，生产力的解放和消费能力的缓慢提升之间就会产生矛盾，结果是严重的经济衰退。19 世纪二三十年代，西方世界开始遭受普遍性的经济大萧条。为提升内需、增加就业人口，政府大兴土木，建设了大批公共设施和大型建筑。著名的纽约地标“帝国大厦”就是这一时期的产物。它建于 1932 年，在衰退的浪潮中，这座 102 层的大楼以 20 个月的惊人速度完成，成为当时全球第一高楼和惨淡社会下美国人民的精神寄托。甚至有人声称：“以目前的技术水平，如果不考虑成本和人的承受能力，完全可以建造任何高度的摩天大楼。”[①]

不仅如此，西方列强为了转嫁危机，还以殖民手段强行改变东方的面貌，上海外滩、香港中环都留下了西式大楼的身影。建于1934年的上海国际饭店曾经号称“远东第一高楼”，1935年落成的香港汇丰银行大厦更成为当时东方最高最先进的大厦。这些大楼与中国传统含蓄、低调的围合式庭院不同，它们突兀、巨大，就像困境下向天空伸出的一只巨臂，奋力伸展着企图抓住一根救命稻草。它们是畸形社会情况下的产物，其产生并不基于建筑需求，而是权力争夺和控制欲的外化。人类需要用不断增高的建筑物和对自然征服的加剧来证明自己的力量，尤其在面临困境时，这些建筑更充当着人类借以恢复自信的形象工具——因此，这一时期诞生的高层建筑在政治、经济、文化方面的意义远远大于使用功能。就是这些有目的的建筑形式，使人们开始注重空间在功能场所之外的特殊意义空间进入人文学者的解读范围。

二 西方空间研究的发展与建筑实例

（一）列斐伏尔与“空间的生产”

20世纪70年代，法国哲学家列斐伏尔《空间的生产》开启了现代空间研究思路。《空间的生产》一书极大地揭示了空间性的社会和历史意义，拓展了人类的空间想象力，自此，空间从单纯的物理概念转变成文化概念。列斐伏尔以及其后的诸多研究者以多元化视野突破了传统的三维物理空间和非此即彼的思维方式，突破了传统学科限制，将空间感和哲学、人文地理学、文化研究及后现代观感等结合起来，赋予空间特殊的人文意义。

在列斐伏尔的视野中，空间不再是同质化、无差别的，它呈现出三种类型：第一类是空间的实践（spatial practice），即日常生活中与位置、地点、位移等相关联，能够被经验感知的物理空间。第二类空间是表现的空间（representations of space），由城市规划者、建筑师、文学家、艺术家创作出来，与真实相对应的空间。它包括由于社会秩序、权力等界限所划分的社会

① 参见詹姆斯·特拉菲尔《未来城》，赖慈芸译，中国社会科学出版社2000年版，第201页。

空间。第三类空间是"再现的空间"(space of representation/representational space),它的产生带有传统功能之外的,不涉及物理功用的目的性,是人类权力的再现。这种空间主要集中在现代都市,或者说,现代都市是一个集约化的被生产出的空间。"在这里不仅可以发现权力的空间再现,还可发现空间再现所施行的权力。"[①] 空间的生产说明权力在设计、定义、命名、生产与划分空间中的主导作用。

现今世界第一高楼"哈里发塔"正是一个被权力生产出来,并数度因新的权力而修正的空间。2010年1月4日,哈里发塔举行了落成典礼,它总高828米,楼体160层,将前世界第一高楼——中国台北101大厦509米的高度远远甩在身后。这座超高建筑位于阿联酋迪拜,从2004年开始建设时就被称为"迪拜塔";它耗资200亿美元,内部设有豪华酒店、办公区、公寓、图书馆、健身房甚至清真寺。大厦的建设初衷是使它能够成为迪拜的象征,吸引全世界的目光。然而,楼宇尚未建好,迪拜房地产泡沫就骤然破裂,整座城市陷入了前所未有的经济危机。当迪拜接受了阿布扎比100亿美元的贷款后,曾经的"迪拜塔"仓促更名为"哈里发塔"——"哈里发"正是阿布扎比酋长的名字。

哈里发塔动工时迪拜的繁荣与落成时惨淡经营的对比令人唏嘘,甚至有人因此联想到"劳伦斯定律":1999年,德意志银行证券驻香港分析师安德鲁·劳伦斯(Andrew Lawrence)提出"摩天大楼指数"(Skyscraper Index)概念,即经济衰退往往发生在新高楼落成前后。例如1930年克莱斯勒大厦和1931年帝国大厦完工后迎来了纽约股市崩盘和美国乃至全球经济的大萧条;1997年吉隆坡双子塔楼成为世界最高建筑之际,同样发生了亚洲金融危机[②]。这一次,迪拜高塔的落成与迪拜前所未有的困顿似乎又应验了这一魔咒。无论是骄傲的迪拜象征,还是向债权国表达谢意的命名,这座高楼都是权力意志的产物。新高建筑虽然在高度和技术上足以傲视群雄,但孤注一

① 苏贾:《第三空间——去往洛杉矶和其他真实和想象地方的旅程》,陆扬等译,上海教育出版社2005年版,第86页。

② 《联合早报:上海摩天楼能否摆脱"劳伦斯魔咒"》,中国新闻网,http://www.chinanews.com.cn/hb/news/2008/12-03/1472511.shtml。

掷地追求超高，妄图将周围一切远远甩在身后、踩在脚下的做法正是狂妄和畸形的表现。那些认为摩天大厦带来衰退的人也许应该看到，不顾经济实力、肆意支配权力的空间生产者才是“劳伦斯定律”悲剧的根源。

（二）福柯的“异托邦”

在与列斐伏尔研究《空间的生产》相近的时段里，福柯通过《另一空间》这篇论文提出了“异托邦”概念。“异托邦”（heterotopia）一词原是医学界用来描述“异位移植现象”的术语，后为福柯借用指称与“乌托邦”相对的“另一空间”。理想城市“乌托邦”似乎只存在于想象中，但现实生活中的一些领域确实能够挣脱日常秩序，呈现出平等、自由、反常规的状态，它们被福柯称为“异托邦”。社会上多元文化的并存、朝代更替过程中的历史段落、同一地点几套秩序的并列，空间的互相对立和渗透等提供了“异托邦”存在的条件。那些与一般空间并存却又独立，可以暂时脱离现行社会秩序，具有自身特殊规则或神秘禁忌的区域，如产房、墓地、花园、流动集市等都是异托邦。在这些空间中，人们的行为虽然有悖常理，却被默许和遵循。“度假村”出现后，福柯也将它列为异托邦的一种，认为它具有设置场景、时空转换的神奇作用。福柯与列斐伏尔同样关注权力对空间的影响，但后者侧重权力对空间的塑造与命名，前者则把重点放在那些权力、秩序下的例外空间，以及它们是如何做到与现有权力制度对抗并挣脱的方面。

图 2　迪士尼城堡

以福柯的观点看，迪士尼主题公园就是一个异托邦，它不是现实生活的延续，而是完全独立于现实之外的；因此，人们进入它也与一般逛公园或游乐场不同。从迪士尼奇妙旅程开始的那一刻起，人们便不由自主地进入角色：大声尖叫，与卡通人物对话，亲吻米老鼠，与小丑照相，听从“警察”指挥与“太空入侵者”搏斗，在“美国小镇”的“商店”里选购“家庭晚餐”……每个人都是公主、王子、超人或小丑，动画主角在这里是有生命的，人们在与“米奇”“米妮”聊天交流，而不是跟套着玩偶外衣的公园雇工对话。日常生活中，只有幼儿才会煞有其事地对着洋娃娃念念有词，对迪士尼的故事信以为真；但在主题公园设定的情景中，保持日常心态冷静观望的游客反而会因其与周围的兴奋格格不入而被视为异类。

（三）苏贾与“第三空间”

美国后现代地理学家爱德华·苏贾受列斐伏尔启发，提出了空间的“第三性”，试图将一种新的认识方式引入空间研究。苏贾的“第三空间”比较难界定，相对于某种真实存在，它更是作者提倡的一种思维和体验的方式。“可以被描述为一种创造性的重新组合和拓展，它的基础是聚焦于‘真实’物质世界的‘第一空间’视野，和根据空间性的‘想象’表征来阐释此一现实的‘第二空间’视野。”[①]

在后现代经验下的社会里，越来越多的意义碎片打消了宏观视野，过于琐碎，变化过快的后现代经验无法以日趋完善和精湛的语言描绘。现代视野中清晰、稳定的观念被打破，人们试图以新的思维方式来应对新的时代。苏贾以后现代视野关照地理学，产生了“第三空间”这一缺乏精确性并带有后现代特质的概念。为阐明自己的观点，苏贾举博尔赫斯小说《阿莱夫》为例：它（阿莱夫）无限而又纯真，它包罗万象、变动不居、无所不能……这种描述方法将解释的权力交给了读者。苏贾的“第三空间”概念是一个需要体验、感悟却难以言传的认识方式。

我们不妨以罗兰·巴特对埃菲尔铁塔的描述作为“第三空间”的参

① 苏贾：《第三空间——去往洛杉矶和其他真实和想象地方的旅程》，陆扬等译，上海教育出版社2005年版，第7页。

照："它是巴黎的普遍象征，也触及最一般的人类形象语言，在人们想象中成为巴黎、现代、通讯、科学、十九世纪等各种记号。埃菲尔铁塔的符号意义足以使人们忽略它的任何实用功能，它是一个纯粹的能指，因而人们可以将无穷的意义纳入其中。它构筑了一个小小的世界，在这里，你会感到完全与世隔绝，同时仍是世界的主人。"[①] 这段叙述中的铁塔仿佛包含了无数矛盾，可以被任意解读，这种表述方式使其成为"第三空间"的代表，它囊括了空间意义、认识角度、思维方向等多种维度，成为真实和想象的综合体。

图3　埃菲尔铁塔

（四）詹明信与"超级空间"

信息技术带来时空感受的变化使空间成为文化研究的重要对象。美国理论家詹明信在《晚期资本主义的文化逻辑》一文中描绘了后现代都市欠缺历史感、无深度、表意链断裂等现象。他以鸿运大饭店为代表，通过对建筑风格、功能的讨论，分析了后现代主义影响下的都市建筑：建筑不再是功能的承载者，而成为一种语言或逻辑手段。它涵盖所有意义，成为都市集约化的缩影，所以被称为"超级空间"。如果说苏贾"第三空间"提供的是有关空间的思维，更新了对空间的认识方式，詹明信的"超级空间"则切实地将后现代都市空间对人的生存方式的改变呈现在眼前。

---

① 罗兰·巴尔特：《符号学原理》，李幼蒸译，生活·读书·新知三联书店1988年版，第36页。

图 4　鸿运大饭店

在今天的都市中，类似的超级空间并不少见。新设计的商住房、SOHO 区、超级 MALL 等，都既有商业配套又有住宅设施。设计者力图使其完善得无所不包，打消了生活和工作的功能界限，演示出一种总括型的庞大生活方式。

三　现代空间理论的“北京实践”

透视当代建筑背后的空间理念，梳理空间研究的兴起与演变，不仅可以更加深入地理解都市建筑对人的影响以及都市环境下人与人的关系，同时也可为从人文角度解读当代都市、构建新型都市文化提供新的思路。虽然所谓“空间生产”“异托邦”“第三空间”以及“超级空间”等词汇并不常见，但在当代北京，受其影响的建筑实例却很多。

（一）场域力量与城市空间的生产

当今北京城市面貌是文化、政治、经济等各场域之间冲突、协调、制衡的结果。“场域”是法国社会学家布尔迪厄提出的用以表达社会空间中不同领域之间权力关系的概念，各个社会领域有自己的权力领地并与其他领域相互渗透和争夺，这种争夺可以在城市形象上体现出来，并在建筑上留下痕

图 5　汉考克中心

迹。也就是说，权力的争夺生产出不同形态的空间。

如今的北京可以看到古老皇城的文化场、人民首都的政治场、新北京的经济场的并存。北京有约八百年连续建都史，体现在城市建筑上，就是房屋高度的层次错落与皇权的关系。老北京高大建筑多与皇室有关，皇城建于城市正中，突出了显赫地位和坐拥天下的权威。其他建筑大多是低矮、灰暗的。明清时更对房屋高度按照主人的级别不同制定了严格的限制。古城那平缓开阔的视野，一览无余的天际线，显出皇家都城的恢宏气度。这些建筑特别注重中正平和，尺寸、数目的划定都有规矩，高度的等级差别和形象的含而不露是古老中国文化内蕴的流露，显示出古老皇城文化场的力量。

图 6 故宫角楼与古城北京的文化场

新中国成立以后，“十大建筑”提高了北京建筑的整体高度。它们有着统一的政治色彩，反映了开国伊始人民群众高涨的建设热情。人民权利的增强使象征人民力量的建筑物高度增加，而出于安全考虑，还有部分建筑必须保持低矮，如中南海、天安门周围的建筑，出于安全起见，必须加以限制，在《北京城市总体规划（1991 年至 2010 年）》第八条中的具体要求为：“以故宫、皇城为中心，分层次控制建筑高度。旧城要保持平缓开阔的空间格局，由内向外逐步提高建筑层数，建筑高度除规定的皇城以内传统风貌保护区外，分别控制在 9 米、12 米和 18 米以下。长安街、前三门大街两侧和二环路内侧以及部分干道的沿街地段，允许建部分高层建筑，建筑高度一般控制在 30 米以下，个别地区控制在 45 米以下。旧城以外，一般不超过 60 米。……市区南部的中轴南延长线两侧，是从景山南望故宫、显示古都传统天际轮廓线的重要背景，建筑高度相对低一些。市区的东部、北部的适当地段，可按城市设计要求建设个别较高的建筑物，丰富城市轮廓线。”① 规划中提到对建筑物高度限制的主要原因是保持历史文化名城的整体风貌，但政治、安全等方面的考虑也很明显。因此可以说，北京市二环内建筑的规模和高度，一方面是文化场对城市传统继承、历史风貌延续的要求，另一方面是

① 《北京城市总体规划（1991 年至 2010 年）》，http：//zhengwu. beijing. gov. cn/ghxx/qtgh/t833032. htm。

政治场从国家安全和机密角度要求的结果。

图 7 人民大会堂与北京的政治场

随着改革开放的加快，经济力量要求城市建筑具有集约化功能，高层建筑成为现代城市的目标模板。自 20 世纪 80 年代后期，北京开始了建设高层、超高层写字楼的潮流。京广中心、京城大厦和国贸中心的建筑高度长期居北京建筑高度纪录前三位。虽然城市地面日益紧缺是超高建筑出现的原因之一，但只有当经济维度在社会中占有一定比重时，这些体现经济场力量的写字楼才能如此迅速地占领京城的地面和天际。

图 8 建外 SOHO 与北京的经济场

如今的北京不再强调古老历史的文化场力量，政治场力量的影响也逐渐减弱，而经济场主导的写字楼的兴起则日益使北京成为高大建筑博览会。从文化场对建筑美学和历史含蕴的要求来看，北京城区那高低不平的样式和混搭的风格多次遭到诟病；从政治场角度考虑，在国家首都建设超高建筑物，将大量企业集中安排在政治中心也不是最优选择。这种情势与其说是城市发展或区域设计的需要，不如说是经济强势环境下，文化场、政治场向经济场作出的妥协和让步。因此可以说，北京新城区特别是朝阳一带的高大写字楼，是强势经济力量运作生产出的空间，而如今北京城市总体面貌也可以看作不同场域制衡下的一种空间生产策略。这在某种程度上与列斐伏尔“空间的生产”理论相呼应。

（二）空间理论的北京实践

如上所述，当代北京城市空间的生产过程既是不同力量角逐的结果，又综合了北京独特的历史文化与政治身份，不仅列斐伏尔的理论适用于当代北京，在这座兼容并包的都市里，还能看到其他现代空间理论的实践结果。

例如，在福柯的理论视野中，北京的二十二院街、798艺术区、宋庄等诸多新兴文化艺术空间就可以被看作异托邦。二十二院街上，怪诞、前卫的艺术行为、艺术装置与居民小区的日常生活相互混杂；798艺术区里，高大的包豪斯建筑沧桑的墙壁上刷满革命年代高度一致化的标语，而狭窄的工作室内却挂着后现代派各行其是的作品；宋庄画家村乡土的院落，淳朴的村人与放浪形骸的画家和睦共处……在这个同时容纳着国际潮流、乞丐巨富，承担着政治经济文化多种中心职能的都市里，人们可以看到无数特定秩序操控下的异托邦。甚至可以说，这无所不包、兼容跨界的大都市，本身就为人们营造着一种异托邦体验，正是这种体验使得人们对于同一时空下多种秩序的并行见怪不惊。

论及苏贾的第三空间，如果想在北京找到对应之处，最恰当的地点就是后海。后海作为内城唯一一片颇具规模且没有围墙的天然水域，其范围已经远远超过物理意义上的第一空间，不仅囊括了“海”还包括周边的寺、观、园、府等，成为一个不断扩张的空间。同时，它也不仅仅是文艺产品、时尚杂志或网站中以文字、图片或攻略形式存在并散布流传的第二空间。在这个古色古香的画舫与国际知名的酒吧并列的地方，在这个怀抱琵琶的古装歌女与热裤高跟鞋的红男绿女共同消费的区域，所谓“后海”已被演绎为一个文化概念，一个超越了真实空间与想象范围的文化概念，一个人人都能从自我出发去解释和解读的概念，这就是当代北京的“第三空间”。我们也可以尝试用“第三空间”来观照都市中的写字楼：需要对“写字楼”这一称谓进行历史溯源，界定其物业形式、经济地位的是其“第一空间”；作家、编剧、实验建筑师、摄影师的作品中高大挺立、昂扬向上、酝酿着都市商战和恩怨纠葛的是“第二空间”；而综合意义上的写字楼整体，它在时代进程中的位置，作为一种认识城市现象和城市人群的方式，不同人对写字楼的印象及其对都市文化的影响力等，构成了“第三空间”，它囊括了空间意义、认识角度、思维方向等多种维度，是真实和想象的综合体。

图 9　798 艺术区

如果以詹明信的后现代眼光来看，北京特别是 CBD 区的建设无疑正向着“超级空间”奔去。在长安街与东三环交界的黄金三角地段，已经有一条地下通道贯穿了国贸大厦、银泰中心、凯德大厦、盈嘉中心、招商局大厦等多栋高档写字楼，涵盖办公、饮食、居住、购物、休闲等几乎所有功能。这个区域的配套服务也非常完善，用餐时间有外卖上门，传递信息有无线网络覆盖，连相互拜访都可通过地道而不用暴露在都市空气中。在这些建筑中，

图 10　后海

图 11　宋庄

工作语言是普通话、粤语、英语，会议时间则有必要与英美同步。这里是多元文化的交汇，是历史和现代的总成，形成了一种杂糅的、难以辨别的风格。人与人因工作项目而聚散，由于缺乏深度了解和交往，人际关系是功能性而非情感性的，沟通渠道基于一个虚拟的意义环境，支撑这种意义环境的则是詹明信所谓“精神分裂式”观感的集合。在北京，能够看到各种各样的后现代建筑：曾几何时，厕所、电梯、管道等需要遮蔽起来，如今各大商场中的景观梯却将传统建筑的隐私部位暴露在公众面前。而有的建筑则省略甚至吞噬了与外部接壤的通道，如清华科技园的收官项目——威盛大厦，通体

图 12　CBD 规划模型

竟然没有一扇能够打开的窗户，楼内循环系统全靠空调完成。这与后现代社会内向外翻、外向内爆的特点恰好合拍。那没有窗户的楼宇，那一进去就全方位满足人类需求的建筑群，都是独立于外界自成一体的“超级空间”。

图 13　威盛大厦

建筑蕴含着多重意义，不仅影响着所在环境，还对使用者的心态、思维乃至文化产生作用。但在重视量化和精确性的科学体系中，作为学科对象的空间多年来却始终局限于地理领域。直到 20 世纪中后期，都市空间的增长才越来越多地将空间纳入学人的视野，对其政治、经济、文化意义的关注逐渐超出使用功能。空间从单纯承载使用功能的场所转变为复合意义的人文概念。列斐伏尔开启了现代空间研究，引发了人们对空间生产的探讨；福柯的想法个性鲜明，更新了人们对身边空间的态度。以上两人的研究重点在于权力对空间的控制、改变以及对抗性方面。詹明信对后现代都市中无所不包又缺乏缘由的超级空间进行了批判性论述；苏贾将后现代思维方式与空间研究结合，力图提出新的研究方法，他们在以后现代视野观照空间方面不期而遇。除以上代表性理论之外，地理学家格里高利、哈维，城市学家卡斯特尔，人类学家穆尔等，也都在空间理论的推动、演变方面做出了自己的贡献。值得注意的是，虽然本文将一些建筑与某一理论相互对应，但它们并非一一对应的关系。正如空间研究之间存在传承和交集，这些建筑也是多种研究成果、理论探索的综合体，它们不仅是空间理论的对象和实践场所，更以其独特的形态、功能、文化特色对人们产生影响，进而在当代北京的城市面貌和整体形象中发挥作用。

北京空间融合了传统与现代、民族与世界，呈现出兼容并包的多元化特色。不同建筑不仅从实体方面构造着城市面貌，还以独特的空间语言汇聚成当代都市文化的一部分。城市建筑不仅仅是单纯的物质场所，也是人文理念的传达者。通过分析实体建筑背后的空间理论，可以更好地解读北京的空间语汇，更加有针对性地构建北京都市文化。

风　水

——当代城市建筑背后的隐性元素

风水是中国建筑中独有的讲究。风水的作用曾被无限夸大，因此也一度被视作封建迷信遭到摒弃。近年来，这种中国特色的建筑理论体系重新受到重视，不仅进入了建筑系课堂，还得到了专门的研究。许多外表看似时尚的建筑在设计过程中参考了传统的风水元素。都市建筑重风水的实质是人们对当下多变的社会环境试图进行把握，找寻传统依据的显现。

在建筑理论体系中，“风水”是中国独有的说法。人们曾为未来城市勾勒过许多理想蓝图，在其中可以看到英国霍华德的“田园城市”、法国勒·科布西耶的“光辉城市”、日本黑川纪章的“共生城市”等，而“风水说”则反映出我国自古以来建城选址的依据以及对城市的设想。在当今中国的大城市里，一座座形态各异、新奇时尚的建筑不仅承担着实用功能，更被看作城市地标，成为引人注目的风景。这些高大、新颖、光鲜亮丽的建筑是现代建筑学、力学、美学、材料学、信息技术等多种专业的综合产物，但其中不少在外形、配套、装饰等方面也与传统的“风水说”脱不开干系，特别是一些风水方面的禁忌，更在极大程度上影响着建筑设计。

“风水”产生于古代科技尚欠发达，许多未知领域等待发掘之时。那时，人们以有限的经验和理解力对世界展开幻想，以偶像崇拜和自然物模仿的方式将抽象的概念与便于理解的具象一一对应。由于对应物的多意性、感悟方式的模糊性，许多概念在古代都有多层次含义。对空间和方位的解读就是如此，抽象物理空间不再单一刻板，而具有多方面的解释余地。虽然以现代的眼光看不够科学，却给后人留下了丰富的遐想空间。“风水”以“金木水火土”“青龙白虎、朱雀玄武”为媒介解读空间和方位，可以看作古代空间感受的系统化、具象化。

风水说发展的过程中，不断吸收着地理学、心理学、环境科学等方面的成果，在一定程度上符合国民传统和民族审美心理。中国人认为好的风水要具备“左青龙，右白虎，前朱雀，后玄武”的特点，我国历史上许多城市、村落都依此选址。北大景观设计中心俞孔坚教授对中国古代的理想建筑环境进行了阐释，它应当具备“依山面水，俯临平原，左右护山环抱，眼前朝山、案山拱揖相迎”①。这种将家安在一个群山环抱的隐秘之处，用山岭围护的居住理想与中国古代深藏不露的庭院、四合院式的围合建筑相吻合。虽然风水好坏与建筑命运是否有关系尚无科学的实证依据，但如果考虑到环境优劣、水源风向、周边形态等因素给人带来的联想和心理暗示，“风水”一说也不是毫无道理。

风水是迷信还是有科学根据，可谓言人人殊，虽然如今国人已经不再大张旗鼓地看风水、信风水，但它依然是相当一部分当代城市建筑背后不可忽视的影响元素。

“风水”在建筑上的运用，首先体现为通过建筑形态的视觉效果对人心理造成的影响。以亚洲著名的赌场澳门葡京酒店为例，据说整个酒店都布着风水阵，能吸尽赌客的钱，保证庄家稳赢。葡京正门分别为狮子口和虎口。因为狮子是万兽之王，在风水上有吸财的作用；老虎是凶猛之兽，有守财看屋的作用。门上更有一双大蝙蝠，“蝠”“福”谐音，且蝙蝠吸血，也会吸财。葡京顶楼之上有很多小球及一些大球，而下面有一个白色圆形的围边，好像是一个白玉盘，取“大珠小珠落玉盘”之意，使庄家永远是大赢家。葡京侧旁有个像雀笼的赌场，入场的每一名赌客，都成为笼中鸟；其顶部的四周有很多镰刀状的利器，刺向四面八方，赌客更仿如成为任人宰割的笼中鸟。这些布局中的风水阵能够产生心理暗示，使赌客们惶惑沉迷。

---

① 单之蔷：《风水：中国人内心深处的秘密》，载《中国国家地理》2006年第1期。

风水说法与视觉效果也有联系。玻璃幕墙因坚固、美观、采光好等优点，为许多高档写字楼所钟爱。但它那冷然四射的反光配上拐弯处的尖角，在视觉上有如刀锋，给人寒冷凌厉之感，对周围建筑形成压迫，造成环境的不协调。如北京双井桥东北的乐成国际中心写字楼，外立面玻璃以对角线分割，强调了简洁明快的时尚理念，内部园林还设计了一个接“地气”的下沉广场，布局开敞大方。但顶端斜切的锐角颇似迎向天空的刀锋，外观不够具备亲和力，因而始终人气寥寥。当前许多玻璃幕墙写字楼都采用圆弧外形，将玻璃边缘的峰角抹平，如北京东直门的东方银座、北三环的环球贸易中心、CBD京广大厦等，都采用扇形或者弧形边缘，就是为制造视觉上的圆融效果。西直门的西环广场不仅将顶部设计成圆弧，其下方矩形底座托出中间高、两边低的三栋楼造型更被看作香炉上插着的三炷香，远远地向北京西山寺庙膜拜。

在有关建筑风水的纠纷中，最广为人知的当属动工于1985年的香港中银大厦的一段公案。这座楼高351米，位于香港中环繁华地区，由著名建筑师贝聿铭设计，自制作图纸起就饱受争议。大厦外立面原本装饰了许多“×”形钢架，但在中国古代，“×”通常用于勾画死刑犯姓名，是不祥的标记。经协商后，它们被改成了类似佛教中的“卍”字符。虽然添上了吉祥符号，但中银大厦整体呈三角崛起之势，那三个锐利的尖角仿佛刀刃，在阳光照射下寒光凛凛，咄咄逼人。大厦落成后，附近新起的建筑都要避开“刀锋”。个别不得不与之相对的大楼，则依风水讲究设计，或克或化。处在其尖角方向的香港总督府曾专门种植两棵柳树，取其圆柔之意缓冲刀刃的锐利；而与另一尖角相对的香港汇丰银行则在楼顶架起两门大炮，以炮口冲向中银；长江集团中心处于中银的“刀刃”和汇丰的“大炮”之间，外形仿佛碉堡般厚重、坚固，周身金属保护；临近的万国宝通银行大厦则好似科幻片中的铁甲机器战士一般全副武装[①]。

新中国成立以来奉行无神论教育，所谓“风水”早已被当作迷信摒弃，

---

① 李守力：《中国银行与汇丰银行的风水“军备竞赛”》，http：//lishouli. blog. hexun. com/2536002_d. html。

图 1 香港中银大厦与相邻建筑

建筑师关注的是功能实用，不考虑风水。而港台地区却一贯有风水讲究，随着大量海外华人来华投资，风水之说在内地悄悄抬头。一方面是海外客户的要求，一方面是官方和大多公众的不认可，目前，“看风水”多半仍是地下行为，有的建筑即便请过风水师也不会公然承认。这种偷偷摸摸的做法增加了风水的神秘，围绕一些建筑中的奇怪现象，民间有了这样那样的传说。针对此现象性，有的人认为是风水使然，而一些建筑师却依据专业经验解释：出现风水之说是因一些楼宇存在功能、设计的缺陷，使用时出了问题，人们不明就里，只能自行编造解释，附会为风水原因。

2006 年，南方报业集团下属《南都周刊》刊载《上海高楼大厦的风水传说》[①] 专题，汇集了多座上海著名写字楼的风水故事，如：恒隆广场被看成香炉形状；阿波罗大厦因临近以前的静安公墓而设立了佛堂；中欣大厦门前有 4 根梯形柱子堵住入口，可以防止财气外泄；位于陆家嘴的浦发大厦造型格局仿照无锡灵山大佛，门前一汪池水，两旁各一栋高楼，俨然是依山傍水的格局。该刊记者专门采访上海较有名气的风水师桂先生，据称，他几乎天天替人看风水，有时甚至一天看两场。请人看风水的一般多是商人，而斗

① 《上海高楼大厦的风水传说》，载《南都周刊》2006 年 8 月 29 日。

风水的事件也不在少数。桂先生举了个例子：在上海的虹桥开发区，一栋写字楼楼顶装饰了假山、水池和人工草地。据说，是因与之隔街相望的政府机关大楼过高，形成压迫之感，于是这栋写字楼的开发商听从风水师指点，在顶楼设置高山流水，名为讲究环保、美化环境，实则是要挡回煞气。

图 2　恒隆广场的风水阵

在首都北京也有不少类似传说。老北京有“东富西贵，南贫北贱”的说法，过去比较富庶的商贾、官员多住内城东西，而穷困的平民则分居城南北。近些年，房地产热起来，后热炒京西北“上风上水”地块，而南城缺乏相应概念，又传说这里风水不好，只能建设人气旺盛的大型公共建筑。有以上背景铺垫，京城南部的建筑形态在人们眼中也都有了特殊意味：位置偏南的西客站状如虎口，威震鬼神；而其正北的世纪坛为避免虎口的煞气，则以尖针般凌厉的外形与之相对；菜市口原本是“推出午门斩首”的所在，坐落在这里的中国移动枢纽大楼，远看好像刀剑叠放，用以镇住阴气。

当今世界国际化进程加快，大都市里兼容并蓄、无所不包。在一种文化中看来有特殊意义的形象，在另一文化中也许就有了截然相反的解读，因此各国设计师都不惮于将世界元素融会贯通，形成了有破有立、杂糅混搭的新都市景观。如北京长安街东段的建外 SOHO，由几栋方方正正的纯白楼宇构成。这些楼宇并非采取传统“坐北朝南”的朝向，而是分别以建筑的拐角朝

图 3 北京世纪坛

图 4 北京西客站

向其他楼宇。从中国风水学上说，是“煞位相对”，非常不吉利。但此项目自设计起即受到追捧，始终人气旺盛，已然成为开发者潘石屹的一张王牌，其后光华路、日坛路、三里屯等地开发的几个项目，不仅也都沿用了它“SOHO”的标签，在设计上更是秉承其不拘一格的理念，有的通体纯白空灵，有的浑身黝黑玄妙，有的花枝招展趣味盎然。看来，只要摸对了市场的脉搏，坏风水也能变成好兆头。

风水的产生有其历史根源，发展或重新盛行也有道理。2004 年 9 月，北京人民大会堂召开了首届中国建筑风水文化论坛；2006 年 1 月，《中国国家地理》推出“风水专辑”，提出“风水是从文化的角度对科学的一种平衡和校正”的观点。同济大学甚至设立了“建筑文化与风水研究所”[①]，将风水与现代建筑科学放在同等的地位。

新的风水说融合了中国古代的建筑理想和生存禁忌，成为当代城市建筑背后颇具影响力的隐性元素，它与心理学、建筑美学、建筑功能学等有着极大关系，体现了中国古代特有的感悟型思维方式。这种含蓄、圆融、关联性强的思维方式将人和人的居所看作自然的一部分，讲究顺应自然规律。以往城市中大部分高层建筑体现着西方建筑追逐险要、突兀、征服自然的思想，而随着风水的重新兴起，如今许多建筑动工、剪彩时都力求吉祥、喜庆、不碍观瞻、不触禁忌，将传统审美观与现代城市发展相结合。

风水重新受到重视是当前我国城市建筑中普遍存在的现象。市场经济的发展使众多新兴城市迅速崛起，社会上的不确定因素增加，竞争日益激烈。传统社会缓慢发展的稳定体系被打破，人们面临更多机遇，也面对更多挑战和威胁。人们力求将所面对的不确定因素具体化、感性化，以加强对外在环境的理解、把握，达到和谐共存。可以说，都市建筑背后的风水是当代人找寻精神支柱的一种体现；建筑物设计重风水，开发商、客户信风水的深层原因，是人类对天人合一的稳定性的追求、对人与自然和谐统一的信仰。

---

① “风水专题”，载《中国国家地理》2006 年第 1 期。

城市空间形象设计与文化主题的塑造

——以北京前门地区为例

前门是北京内城市井生活和传统商业相结合的重要区域，区域改造牵动各方关注。尤其是前门地区台湾会馆、天街、铁路博物馆与大观楼、老字号餐饮业态四个重点部分值得分析。首先，应当明确定位前门为平民化传统商区，尽力营造京味民俗氛围；其次，在街道设计上依据步行路线和体力需求，精细化设置游览线路；再次，剔除部分古建筑的商业目的，改为博物馆等公共设施；最后，引入高档专卖店之外的差异化商业模式。通过有针对性的措施，重新塑造区域整体文化形象，提高区域的吸引力。

在城市历史空间的保护、改造与修缮中，能否较好地将城市的使用功能、发展需求与历史脉络、文化氛围相结合，是衡量其成功与否的重要指标。前门是北京城中心重要区域，不仅传承了古都的历史底蕴，还具有丰富的民俗文化和活跃的经济样态。这个区域积累了兴旺的人气，但同时也聚集了不少弊端，对它的治理是北京城市规划中多次考虑的问题。2001 年北京申奥成功后开始全面修缮整治城区，前门是重点工程之一，然而，这次大规模改造虽然改变了区域空间建筑形态，却并没有达到吸引游客、聚拢人气的效果。直到奥运会结束 5 年之后的 2013 年，前门依然在为挽回失去的人气进行着不断努力。

美国学者乔纳森·拉班[1]将城市分为软硬两个层面。硬的方面是人工建筑环境构成的物质结构，如街道、建筑等；软的方面则是人们对城市的个性化解释，或称城市居住者脑中的感知定式。就前门地区来看，人们的认识最初虽是借由建筑等硬环境而产生，却形成了一种对前门印象的无形期待。在这片区域里，以高超的建筑技术复原硬件的历史风貌并不太困难，但能否满足公众内心的期待这一软性方面却特别值得重视。可以说，如今前门的问题就在于区域形象与区域印象的错位。主要表现在：外来移植概念与原生文化氛围的不协调；建筑设计预期与区域实际情况的不符合；功能性建筑与纪念性建筑定位的不明确；特色文化品牌利用的不合理等。

一　从台湾会馆、台湾街看外来移植概念与原生文化氛围的协调性

前门周边本是会馆密集的场所，但台湾会馆却不过是众多会馆中很小的一员。在得到重新设计扩建后，台湾会馆的面积数十倍扩大，设有《中华魂·京台情》展览以及木偶戏表演，还经常接待两岸要人。然而，这座“重点建筑”却并没有恰当地融入环境，而是与前门极不协调。其中有功能定位方面的偏差。此会馆不向公众开放，主要任务是商务接洽和高端文化交流。而在前门这样一个公众游览、购物区域内，在诸多热情的游客、旅人的好奇目光下，任何建筑都无法摆脱被围观、被探听的命运。半公开的台湾会馆不堪其扰，不得不将大部分游客拦阻在外；而到访的游客也往往为吃了闭门羹而抱怨。

建筑外形是台湾会馆与周边不协调的原因。这组清末民居样式的建筑，外部古香古色，采取了北京四合院的围合形制。房屋屋顶上有斜坡，墙壁以深灰为主，内部设有骑楼、露台、敞墙等，是岭南样式。四合院大多低矮，虽然是封闭的院落，却不会给街道以压迫感；岭南建筑举架较高，但通风敞亮。南北建筑因地制宜，各有优长。台湾会馆意在南北兼顾，实际却事与愿违：北方的院落、南方的挑高、西方理念下以错落屋顶组合的帆船造型……

---

① 参见迪尔《后现代都市状况》，李小科等译，上海教育出版社2004年版，第203页。

这组建筑很难与周边相容——过于高大的岭南房屋充当北方封闭的合院围墙，深灰色墙体没有向外的窗户，给背后狭小的胡同和低矮的房舍造成强烈压迫。在当今社会平等的风气里，在平民气息浓郁的前门，这组高大建筑无异于一个庞大而不友好的特权禁区。

从整体设计来看，隔阂感并非没有被考虑到，甚至还采取了调节措施：其背后大江胡同里的“台湾风情街”就是为弱化会馆的封闭性而设置的。台湾风情街设有三个台湾主题文化区，总规模三四万平方米，是一个大手笔。遗憾的是，这里也没有发挥应有的功能。风情街布景过于单一，广场上没有供休憩的座椅，不是一个引人停留的场所。广场地下的台湾美食街由于采光不足，客流不饱满，仅有部分档口开灯营业，十分萧条。

如是，庞大的台湾会馆不仅没有增加普通人对台湾的好感和了解，还人为设置出一个与台湾相关的公众禁区；台湾风情街没能够弥补前者的不协调，其将游人引入地下的设计还分散了人群，扩大了区域的萧条；地下美食街的惨淡经营和东北老板则更使“台湾风情”变成敷衍。

图1　空无一人的阿里山广场

二　从天街、廊坊胡同看街道设计预期与步行导向效果

号称“天街”的前门大街2008年5月正式开放。大街北口架设“天街”

牌坊，仿佛一扇大门，将街道从天安门广场南侧繁忙的现代交通中隔离开。街道全长 846 米，纵向分为有轨电车道、御道和人行道三部分。两侧商铺青砖灰瓦，全聚德、月盛斋、中国书店等数十个老字号整齐亮相。遗憾的是，这条“古装购物街”的人气不仅比不上王府井，就连许多二线城市步行街都比这里热闹。究其原因，我们发现，这条所谓“步行街”其实并不属于行人，而是一条完全以现代思维设计出来的虚拟景观街道。它的每一寸地面、每一个角度都是为复古精心设计的。这条步行街上可以看到 20 世纪二三十年代北京最现代化的有轨电车。它们行动缓慢，走不到一公里的路程就需要 10 分钟，三十元的票价更是普通公交车的许多倍，显然不是一个交通工具，而是街道景观的一部分，带有玩具性质，使这里的景物、商家，甚至游览过程本身都带上了一种虚拟性质。

天街的街道形态和景观布局也不利聚拢行人。如果景点都聚集在这一条主干道上，行人虽不易横穿，却可能在街上形成回环。但前门大街两侧布置了许多分散的胡同景点，主干道仿佛鱼骨，两侧小胡同宛如鱼刺向外发散。台湾街位于东边大江胡同，从这里走到台湾会馆后，如果还想回天街，就得掉头或者向南到刘老根大舞台。而这一小段南行路线所在的前门东侧路相对单调，景点之间也缺乏呼应。游人至此往往会被台湾街稀少的人气磨得意兴阑珊而中止行程，等于无形中向外疏散游客。西侧廊坊头条与交叉的煤市街、南侧的大栅栏街相互勾连，在地理上形成交织的网络，在业态方面相得益彰：大栅栏的老字号、珠宝市的便宜货和廊坊胡同的旧房子，满足了游客差异化的需求。因此，这几条胡同是如今前门地区最热闹的所在。因为小店相对集中，大栅栏向西的铁树斜街、樱桃斜街也各有值得一看的特色，整体所需游览时间长。这里的繁荣自成一体，走进大栅栏，就没有必要再回到天街，因而形成分庭抗礼、抢夺人气的态势。

店铺招牌对行人构成潜在影响。天街店面整齐，招牌划一，整条街的统一外形却一目了然，容易引起视觉疲惫。而西侧与之平行的小小珠宝市街虽然十分狭窄，但与天街的高大店面相比，珠宝市街多是价格便宜的小铺、露天摊，此起彼伏的吆喝叫卖营造听觉上的热闹，横七竖八的招牌幌子给人以视觉上的繁荣。有时，一个门脸就竖出三四幅招牌，凌乱拥挤，目不暇接。

图 2 被铁轨切割的天街

在这条因狭窄而天然形成的步行街里，行人可以放心地慢下脚步，边逛边看，耽搁的时间越长，越增添热闹。与天街的严肃开阔不同，珠宝市街没有压力，街景也重重叠叠、引人探寻，因此兴旺许多。

在北京，前门一度是一个包括两侧小胡同的平面区域，是一个繁荣商圈的整体概念。而修缮后对天街、城门、牌楼的特别凸显，将“前门”限定在一个线性的封闭街道里，两旁灰色建筑严阵以待，因此出现了中间鱼骨状大街十分空旷，延伸到两侧的鱼刺状小胡同却人气爆棚，二者落差极大的局面。对于漫步城市的人们来说，那些呈现出来专门给人看的景观过于普通，真正吸引人的是能够深入其中、自行挖掘的那些被藏匿起来的细节。

三 从火车站、大观楼看功能性建筑与纪念性建筑的有效利用

历史渊源是前门的资本，但也是区域整改争议重重、掣肘众多的原因。虽然前门拥有众多纪念性建筑，但它没有完全被保护起来，而依然承担着城市功能。因此，前门的当务之急不是突出纪念性或增强功能性，而是将这两种需求结合，使之相得益彰。

功能型建筑要想具有纪念性，有赖于时间的历练。如果强行使纪念性建筑承担不恰当的使用功能，则文化韵味大减，纪念性会被消解成一具空壳。

前门火车站的命运说明了这一点。它修建于清光绪年间，一度是北京最大的火车站，承担了半个多世纪的交通任务，直到 1958 年北京站投入使用后才改作他用。前门火车站本是英国人设计的欧式建筑，剥离车站职能后曾作为铁道部科技馆、北京铁路工人文化宫和剧场，还顺应潮流改成老车站商城、电信市场。作为商场的老车站经营项目和宣传手段都不突出，甚至连原本颇具特色的建筑外形都被不断变换的新旧招牌遮挡得轮廓模糊，难以辨认。2000 年后，前门火车站被划定为文物保护单位并逐渐还原面貌，2010 年又开始作为铁路博物馆正式开放。

图 3　老戏院风光不再

与之命运相似的还有大栅栏街上的大观楼影院。其前身是大亨轩茶园，曾因首先播放京剧大师谭鑫培主演的《定军山》而引起轰动。1907 年左右，丰泰照相馆经理任景丰将这里改装为主要放电影，兼营曲艺、杂耍等的大观楼影戏园[①]；1917 年正式改为电影院。大观楼堪称北京放映历史最悠久的电影院。1960 年，它成为北京市第一家放映立体宽银幕的影院，连续上映数万场，场场爆满；1987 年，它重新装修再度开业，并延续至今[②]。大观楼对功能传统的坚持精神可圈可点，但它的经营状况和策略却令人失望。由于当前电影院需要吸引自各个城区聚集而来的观众，便利的公交、停车配套必不可少，而地处大栅栏步行街内部的大观楼在这方面却呈弱势；其建筑规格不适合如今电影的特效距离要求，在片源方面也不具备优势。所以，从对当代大都市影城的要求角度来看，如今的大观楼难以跻身一流。

作为北京城区历史延续最长、遗存保护最多的传统市井商业区，前门历

---

① 参见李微《娱乐场所与市民生活》，载《北京社会科学》2005 年第 4 期。

② 参见陈溥《北京早期电影院》，载《北京晚报》2013 年 4 月 20 日。

史建筑俯拾皆是，却大多逃不脱拆迁、翻新的命运。然而，仅仅喟叹时间的无情却不加以保护，一味强调纪念的重要却不赋予实际功能，那些精美的建筑即使不被岁月摧毁，也终将在记忆中消逝。因此，比起建筑本身的拆除或保留，更值得考虑的问题是如何将地区的纪念性与功能性统一起来。

四 从前门餐饮业态看老字号品牌形象的差别化配置

各色美食是前门的魅力所在。光绪年间《都门纪略》收录的70余家食品店铺中，位于前门大栅栏一带的有29家，占43%[①]，可见其餐饮业繁华历来就有传统。

大名鼎鼎的全聚德烤鸭店诞生在前门肉市街。自清同治三年（1864）创建后，无论社会动荡、政权更迭还是民运兴衰都没有使它衰落，如今更成为身家百亿的上市集团，连锁店不仅覆盖国内大中城市，还开到了遥远的澳大利亚。都一处和一条龙也是前门有历史的饭店。都一处烧卖馆开业于清乾隆三年（1738），曾得微服私访的乾隆喜爱并获得御赐匾额。一条龙羊肉馆始建于清乾隆五十年（1785），原名“南恒顺”，由于曾接待过天子，被民间称作“一条龙”。它们虽然都是前门延传至今的老饭店，但地位和作用却不尽相同。其中，全聚德最有品牌意识，店铺门廊上装饰了许多老照片，讲述发展历史。然而，由于连锁店太多，全聚德烤鸭已成为标准化品牌，甚至有成为世界性美食品牌的野心，所以它民族的、老北京的独有文化形象味已不再清晰。其现代化的流程工艺、标准化的口味推广消解了特色，所以全聚德老店虽然年头久远、生意兴隆，却对前门历史文化氛围的塑造没有太大意义。都一处和一条龙不像全聚德那样遍地开花，产出的食品具有独特性，构成了与前门之间的固定联系。然而，两家饭店如今走的都是老国营饭店物美价廉、粗放经营的大众路线，虽然宾客盈门，就餐感受却不够精致。两家略显粗放式经营的老字号其实浪费了历史文化资源。它们与前门的平民气息相融，却未对文化历史意境的营造做出贡献。

---

① 张惠岐、罗保平：《北京地方志：前门大栅栏》，北京出版社2006年版，第86—90页。

图 4　整齐划一的老字号

门框胡同是大栅栏内一条宽仅 3 米的小胡同。据清《京师坊巷志稿》记载，旧时这里有两座过街佛楼，用石板架起来宛如门框，胡同因此得名。门框胡同虽小，在清代和民国时期却非常著名，所谓“东四西单鼓楼前，王府井前门大栅栏，还有那小小门框胡同一线天”。这里因小吃闻名。20 世纪 50 年代后，兴隆的门框胡同逐渐冷落，但 80 年代个体经营放开之后，一些老字号却抓住机会回到这里，小肠陈、褡裢火烧、爆肚冯、月盛斋等在附近见缝插针地经营起来，并重在民间建立了口碑。到了 2000 年左右，随着互联网的兴盛，这些藏身犄角旮旯的平民美食的口碑效应得到扩大，又经过时尚都市媒体的包装，变成地道老北京味的代表。各地网友、游客慕名而来。在食客眼中，这才是原汁原味、不加修饰的真实北京味道。一时间，门框胡同的老餐饮具有时尚意味，越发声名鹊起。前门改造后，虽有优惠政策，但新店铺的租金对这些平民美食来说还是太高，它们等于被逐出了前门。如今的前门基本以高门大院的全聚德、便宜坊、都一处等正餐为主，以前随处可见的小吃不见了，小吃的绝迹直接导致前门人气寥落。

五 采取有针对性措施，塑造城市文化主题

满足现代城市功能需求和延续历史文化脉络，是老城改造中不可或缺的两方面。前门是与王府井、西单齐名的传统商区，其区域形象却不是单纯的商区，而与文化、演艺、美食、民俗等多方交缠，公众印象也各不相同。空间上，它胡同交错、古建遍布；业态上，它老字号、小地摊共生；居民中，老北京与新游民共栖。年深日久，前门承担现代都市功能已十分勉强，但俯拾皆是的历史遗迹，对区域历史文化形象的界定等问题却导致改造工程迟迟不敢行动，直到 2006 年为配合奥运会需求才仓促动工，这不可避免地导致后来遭到诟病。然而为改善区域环境、增强使用功能而进行的改造并不一定会阻断历史文化脉络，流失的人气通过适当方式依然可以找回。

（一）针对重点区域，采取恰当对策

根据以上分析的前门各区域存在的问题，可考虑采取有针对性的不同策略，具体如下。

（1）针对台湾会馆及台湾街，应主要解决好外来文化概念与前门原生文化氛围不协调的问题。

台湾会馆原有的商务洽谈、发布会等活动的私密性增加了禁忌的特权色彩，易带来不良感受。在前门这一公众区域内，会馆应当考虑重新定位，或将类似活动转移到其他地区开展。对公众开放台湾会馆，使之成为集展览、餐饮、文化活动于一身的公共服务场所。如加强宣传京台文艺交流活动，引进台湾民间文艺团体演出，召开“歌友会”“签售会”等，真正起到沟通两地百姓的作用，使大众气息回归前门。

积极利用台湾街。在街道两侧墙面张贴台湾景点介绍，丰富阿里山广场景观设置和娱乐、购物内容。适当设置座椅和娱乐项目（如可将原本台湾会馆内的木偶戏、折叠伞展览等转移到此处），以延长游客的停留时间。对位于地下的台湾美食街，突出台湾特色主题，除小吃外，可考虑开设售卖台湾水果、台湾化妆品、台湾小手工艺品的摊位，丰富品种，强调此处台湾货品的独特性，以及货物、投资、经营者等与台湾之间的联系。

（2）针对前门天街，采取面貌多样化、价格亲民化路线。

一方面可以对天街商铺的面貌进行多样化整改。目前“统一面貌、统一黑底金字招牌”其实是一种现代性规划的结果，与前门的多样化、原生态文化氛围有所抵触，容易引起视觉疲劳。应当设置富于变化的招牌、幌子等，恢复古老商街外观，给人视觉上的繁荣；组织有实力的商铺恢复叫卖、亮绝活儿等老北京传统，营造听觉上的热闹。市声起伏，街景重叠，可使行人放慢脚步边逛边看，引发兴旺人气。

对于街道景观铛铛车，可适当延长其行驶线路并降低票价。在线路上，可考虑从天街（前门大街北段步行段）—前门东大街—祈年大街—天坛路—前门大街（南段）形成大回环，或从天街（北）—前门东大街—前门东路—珠市口东大街—天街（南）形成小回环，切实起到游览代步作用。大回环可连缀天桥、天坛等知名景点，形成历史文化游览线路。小回环可覆盖台湾街东口、刘老根大舞台等站点，游人可在此下车，从外（东、南）向内（西、北）走向天街，既有效利用了铛铛车，又消除了鱼骨刺状胡同对人流的分散。

（3）在火车站、大观楼区域，突出古建文化价值和纪念意义，统一纪念性与功能性，使空间具备与人文相关的复合意义，在文化产业的链条中找到归属。

老车站从最初的实用功能退役后，进行了多次探索。被用作文化宫、百货商场等，均只利用其建筑空间，由于改装自车站，它的空间格局并不便利。直到多番辗转最终成为博物馆，这栋百年建筑才物尽其用，其凝聚的历史文化价值真正得到开发，空间形态也超出了物理维度，具备了与人文相关的复合意义。作为曾经京奉铁路上最大的车站，前门站在百年风雨中经历了古老中国现代化的萌芽，见证了封建中国向人民政权的转变，也亲身实践了计划经济向市场经济的转变，最后的博物馆定位则总算是在文化产业的链条中找到了归属。目前还应当丰富展品，组织主题性活动，增加宣传。

大观楼影院与时尚影城相比，悠久的历史和对历史事件的亲身参与是其无可替代的优势，应当对这部分资源加以更有效的利用。例如，扩大展览和陈列区域，放映片目选择别处不常看到的老电影，特别是曾为人们喜爱的国产电影，并依据不同时期、主题加以组织，这样既不失娱乐效果，也具有资料性质，还能突出与商业院线的差异，显示其独特价值。这样，对于往来大栅栏的游客，到大观楼无论是稍事参观还是坐下来看片，都可以获得在饭店、咖啡厅等其他地方无法获得的体验。

（4）对于老字号餐饮业态，应当塑造差异化、本土化、风俗化。

首先需要差别化配置品牌。全聚德等连锁店应当进一步突出前门老店的独特性，加强传统文化展示功能。都一处、一条龙等老字号应在强调平民化的同时，满足当今食客精益求精的需求，适当推出精品菜肴，差别化经营。

在做好特色餐饮的同时，引进夜市、凉棚，发挥小吃在吸引人气方面的作用。小吃量少，所占时间少，品种多，食客在不断选择、品尝的过程中在摊点间不断穿行，能够增加街上流动人员的数量，是步行街吸引人气的法宝。老北京有夏季夜市消夜的习惯，前门天街应在夏季引进夜市、凉棚，两侧店铺也可考虑适当延长营业时间。以新加坡乌节路为例，其白天是类似王府井的高档商业街，晚上则是灯火通明的廉价夜市。充分利用了有限的街道资源，形成了业态互补。

（二）结合前门与城市历史的渊源以及在当前城市文化中的地位，突出区域文化主题

回到乔纳森·拉班的理论，总体来说，人们对前门"硬形象"的期待应当是有民族特色和历史感的，目前建筑也朝着这个方向努力；但"软形象"却比较复杂：既是具有景观性的历史文化保护区，也是人们生存其中的城市功能区。将二者统一，使之成为恰当的整体，凸显文化主题才是关键。这里的"主题性"不是迪士尼那样复制真实场景，营造虚拟环境，创造仿真经验，而是认为区域内一切建筑、业态、配套设施等功能型硬件都应当为文化主题服务，在文化娱乐项目、百货餐饮等业态的选择上也应当有所侧重、主次分明。

从历史文化角度来说，前门的繁荣包含着长期发展、区域内百姓生活劳作的印记，并不是现代社会规划的结果，但近年来为了更加繁荣，它却一次次被规划、被设计。在多种理念的主张下，在多次维修、整改、建设后，这里被各方力量划分出了势力范围：天街的整齐划一、台湾广场的概念移植、珠宝市的凌乱无序等，显示着不同时代背景、不同经济业态、不同设计理念

的争夺。每一个区域都各有主张，也都强大而不肯妥协，使如今前门仿佛总是处在未完成状态。它要为每一个抱有不同目的的人提供亮点，却由于顾虑太多，每个地方又都不够精当透彻。这种无序的状态遮蔽了地区主题。

因此，一个区域给人们的印象是渊源有自、根脉清晰的真实感受，还是视觉刺激、外在体验的虚拟后现代感受，也就是说主题性前门和迪士尼等的区别，根本在于其主题是以现代技术强行复制出来的，还是从城市文化和历史的土壤中生长起来的。这种文化有没有历史、传统的根基，它给人们的印象，是一种震惊效果的现代奇观，还是一种带有亲切感的乡土感受。具体来说，就是区域软硬形象是否融洽配合，在整个城市文化中扮演了什么样的角色。自列斐伏尔之后，人们对城市空间的理解从物质层面向文化层面转变。拥有长久历史的中国都市无法复制美国洛杉矶、波士顿那样全新规划的发展轨迹，只能因地制宜地修补整改。直到现在，那些从大杂院、柏油路走来的北京人，在CBD过于整齐的环境中依然会感到不自然。他们特别热衷回首确认自己的根基，这种感受包含了发展中的中国城市人的念旧情结。对于他们来说，千疮百孔，处处是鄙陋的前门显得特别亲切，而那个整齐簇新的前门则令人不适应。所以，对前门的建设当以尊重原生态为主。改造前的前门虽然硬件不够完善，但生机勃勃的经济业态，包容异质的文化氛围，自然呈现出了欣欣向荣之态；改造后的前门却未曾“接地气”。原本的前门与城市生活夹缠融合，就像一个生动的活体，每一个角落都孕育了生机。人们在那破烂的、凌乱的、非正式的状况中游走，目睹城市生活中每一个细节，才感觉接触到这城市的真实层面，这是它特有的感召力。在城市发展中，这种显露自然生长、交接机理的地带是城市的成长脉络，绝对不能生硬地切断。把前门那些不够体面大方，不够整洁鲜亮的小商小贩清理出去，就是把这里发展的根脉斩断。

集合了城市低端平民的谋生方式、生存智慧、生活趣味的老前门虽然贫穷，却魅力无穷。如果针对现阶段前门人气衰落现状，在满足该区域功能需求的同时更加明确地突出京味、平民、历史等主题，就能使之成为一个与百姓相关的、带有历史感和亲切感的、街道繁荣、人气兴旺、活跃而热闹的都市新区域，从而在今后的发展过程中继续焕发出独特魅力。

附　录

什刹海周边消费场所

斗转星移，白驹过隙，当代的城市转瞬就变了模样，游子随着城市的变迁辗转了一个又一个地方，回望时早已不见回家的路。信息时代看不到农家自然的四季，经年累月是古典意境的漫长；小小环球再不会有“君住长江头，我住长江尾”的期待与盼望，一切都变得紧凑而有节奏，一切都有条不紊地被规划在预期之中。从一个城市到另一个城市，你可能找不到记忆中的门牌号码，但是，作为一个习惯游弋于都市的动物，你却能够发现自己熟悉的商场、连锁店，甚至酒吧中歌手的唇膏都如出一辙……

然而，在这里，在什刹海边，你可以看到一个古老的区域，一步步打开自我，走向市场的轨迹。它正经历着商品化，却依然不能摆脱古老居住区的世俗味，它从来都是寻常民众聚居的所在，要时尚、要变化，却不能丢下作息在这片街区的老居民。不同于“平地起高楼”的无所顾忌，各个时代的发展都在此打下了烙印。时光之手一遍遍抚过，每一次都为这里穿上一件新装，就像火山的熔岩一般，新一重吞噬了旧一重，边缘却总能找到前面层叠的痕迹。鼓楼前街头巷尾的小门脸不停变换，而最热闹的还是能满足老居民生活的百货商店；烟袋斜街的旧房一院院修缮成新店，但依然承袭了讨价还价的旧俗；荷花市场从公众游泳池变身为高档酒吧区，但冬天里仍能看见孩子们高兴地在冰面上摔着屁股蹲儿；后海旁胡同里的杂货铺还是20世纪80年代的老样子，虽然隔几年刷一次新漆，但人们还是习惯风吹日晒色彩斑驳的老样子。

简单地看，什刹海商业区域可以分为四大块，分别是：地安门外大街（古时称作“鼓楼前”）、烟袋斜街、荷花市场、后海。这些地块都曾各有一段辉煌而热闹的过往，有的是漕运中心，有的号称“小琉璃厂”，有的称雄“消夏四胜”。在岁月的变迁中，它们也曾失去当年的华彩，沦落为旧日报章中的奇谈。但在什刹海周边，人们仍能随时发现一些小小的商业模式。在日常生活之余，居民们点燃了活跃的个人经济之火。老爷们儿改装家用小“马扎”作为冰车出租；小学生批一盒小豆冰棍边吃边卖；年轻媳妇钩点小花样儿赚几个针线钱；卖船票的商亭外摆着随手叠的河灯……在当今迅速崛起的消费区域竞争中，在各出奇招的商人促销模式下，在北京突出人文气息、民俗传统的指导下，鼓楼前、烟袋斜街、荷花市场、后海以什刹海为主题，发扬各色优势，凸显不同特点，进行差异化包装组合，重新成为一个时尚的消费区域。

一　鼓楼前

从鼓楼出发，沿地安门外大街向南，虽然还没有看到什刹海的碧波，那浓浓的民族色彩和生活味道却已扑面而来。这里没有高大摩登直插入云的建筑，也极少看到套装电脑步履匆匆的白领，从路两侧林立商铺间穿过，你仿佛一下就从当代的大都市来到了古装的民俗街。这民俗不是花红柳绿、浓墨重彩的刻意装，而是实实在在的日积月累，是市井小民俗世琐碎生活的足迹。从新中国成立到改革开放，从拆迁改造到保护修缮，从老居民住地到旅游商业区，这里的每一次变化都能留下痕迹，却始终是不干脆也不彻底的。

鼓楼前的商店在什刹海地区类型最丰富，层次最分明。作为京城八大商业街之一的地安门外大街，必须同时满足居民、游客等多方面的需求，这造成了它混搭、杂糅的整体商业特色。它的时尚，由青春活力的娱乐中心“高低”里 high 翻天的青年散发；它的古典，由单纯古朴的韵泓筷子店里简单的食器体现；它的民俗，由民族气息浓厚的“天堂之约”中，琳琅满目的藏饰流露。然而，这条街最根本也最兴旺的，还是和居民息息相关的那些商业形式。比如 20 世纪 50 年代成立的地安门百货公司，原本供应居民生活日用品、服装鞋帽、家用电器等。为配合北京市环境整治改造及周边历史文化环境的需要，地安门百货公司进行了复古行动，不仅将建筑外观改造得古色古香，在楼顶设置了观景台，还将经营主题重新定位于旅游特色商店，引进字画、珠宝等经营项目。但作为一个成熟居民区，什刹海地区并非只为游客服务，居民们需要能够解决日常生活问题的中型商场。因此，地安门百货公司楼下开辟出了华普超市，紧邻的苏宁电器也承袭了服务周边居民生活的路线，吸引了众多客流。

这片地区的繁华早有历史因缘，自元大都城建立以来，钟、鼓楼附近，积水潭北岸的斜街市就热闹非常，老北京早有“东单、西四、鼓楼前”的说法。2000 年，在北京旧河道治理过程中，地安门和鼓楼之间“后门桥”的修缮一下子把公众的视野带到了八百年前。那时，这座残破不起眼的小石桥，可是赫赫有名的漕运要道。它大名称作“万宁桥”。由于地安门俗称“后门”，万宁桥也就叫成了“后门桥”。小桥往北就是北京最古老的商业区“鼓楼前”。古代城市建设，有“前朝后市”的说法。元代建大都，便遵循这个原则，在皇城后、鼓楼前形成了不小的集市。达官显贵们和当代人一样喜欢闹中取静，他们在市中心繁华地段修建宅院，也许上朝完毕，可以边往家走，边逛集市，顺便体恤民情。当然，古代人没有我们这样爱购物，但熙熙攘攘的市声总会给人兴旺的感觉，史书中记载道：“本朝宫庶殷实，莫盛于此。”看到百姓在自己的统治下安居乐业、歌功颂德，应该更能激励实权派们励精图治吧！

当年，鼓楼前集中了缎子市、皮货市、帽子市、鹅鸭市、珠子市、铁器市、米市、面市，还有一个淘便宜货的“穷汉市”。明代延续了集市的繁华，鼓楼北边还建起了钟楼，清末虽然停止了漕运，北京的商业重心转移到前门，但鼓楼前的繁华却达到鼎盛。清代《天咫偶闻》中记载道：“地安门外大街最为骈阗，北至鼓楼，凡二里余，每日中为市，攘往熙来，无物不有。”当时的文人高婿有一首《水关竹枝词》：“酒家亭畔唤渔船，万顷玻璃万顷天。便须过溪东渡去，笙歌直到鼓楼前。”将京城水乡集市的情景描写得出神入化。到民国时，由于政局动荡，国力衰退，其他集市大都消散，而鼓楼后钟楼湾里的穷汉市却越来越发达，打把势卖艺的，亮绝活儿的，遛弯儿看热闹的。风里杂糅着豆汁的臭，灌肠的香，茶汤的甜，卤煮的浓郁……三教九流，人来人往，那热闹的场面，丝毫不输如今的前门、王府井。翁偶虹在

《鼓楼三条街》中回忆民国时期地安门外的情景：街道东西两侧，店铺鳞次栉比数十家，如，聚盛长、大顺公干果铺、庆和堂饭庄、和（福）顺居灌肠铺、桂英斋满洲饽饽铺、吴肇祥茶叶铺、为宝书局、日升恒南纸店、谦祥益绸缎庄北号、通兴长绸缎庄、金驴儿香蜡铺、北京四大酱园之一的宝瑞兴（俗称“大葫芦”）、仁一堂药店、父子药店，还有经营山西刀削面、熏鱼的“大酒缸”和引人注目的南府苏造肉，以及小吃摊、挂货摊、玩具摊，等等，商肆栉比，热闹骈阗①。新中国成立以后，鼓楼商业街重新调整、改造，在老字号基础上新增了许多国营商店，如地安门百货商店就是那时建立的。在壮丽的晚霞中，看着辉煌的钟鼓楼，遥想“晨钟暮鼓”中扰攘的市声，一片生机勃勃的盛世景象如在眼前，让我们再次回到后门桥。在新千年的流光中，残破的小桥重见天日，毁坏的石栏修缮一新，桥边那几只镇水的趴蝮，忠诚地守护着都城。它们宠辱不惊，探头向水深处张望着，看过了寂寞，看过了繁华……

二 烟袋斜街

顺着地安门大街西边走，有一条通往什刹海的小街格外热闹，这就是北京城最老的斜街——烟袋斜街。它东北—西南走向，长约232米，连接起了地安门大街和什刹海边的小石碑胡同。这条街虽然又短又窄，看起来和一般的胡同没什么区别，但这里的商店却是一家挨着一家，有套间的，更是曲径通幽，一个门脸儿下好几家小铺合营。明朝初年，它叫“打鱼厅东街”，清朝乾隆年间刊刻的《日下旧闻考》一书中称之为“鼓楼斜街”。清朝关外人入主中原，旗人虽然积极汉化，接受了明代的都城乃至儒家的纲常伦理，却改不掉关外生活的老习性，捧着大烟袋吸上两口的爱好就是其一。光绪年间，在街东口有专门经营旱烟袋的店铺，字号有“同合盛”“双盛泰”等，因曾为慈禧太后清洗烟袋而名声大噪，身价一下子高了起来。那趋炎附势的、爱赶时髦的各色人等，也自然对这里趋之若鹜。通常，烟袋铺的招幌均

① 翁偶虹：《鼓楼三条街》，载《北京话旧》，百花文艺出版社1985年版。

为烟袋杆所剩下脚料制成，是用寸余长中空乌木段一横一竖穿连，一挂长约二尺，店门前悬六七挂。同合盛与双盛泰除挂此种店幌外，还在门前廊下竖一长约五尺的大烟袋，白银烟袋嘴，黑漆烟袋杆，金锅红里闪闪发光，十分醒目，渐渐带动了一条街的兴旺。街坊们也跟着一家接一家地开起了烟袋铺。据说，烟袋斜街的名称即由此产生。当时的烟袋斜街，属于“高档购物区”，来往的多是皇亲国戚，除了各式烟袋，还有古玩字画等贵重商品，用今天的话说，这里是“特色购物一条街”。由于临近鼓楼前和什刹海，人气兴旺，附近吃喝娱乐的场所也不少，餐饮娱乐，配套齐全，烟袋斜街得了个“小琉璃厂”的美名。因为街上店铺多售烟具，后逐渐改称烟袋斜街。巧的是，从形状上看，斜街本身也很像一只烟袋，三百米长的街道恰似一根烟袋杆，烟嘴冲着地安门大街，烘暖了鼓楼前的人潮；烟锅向着小石碑胡同，点燃了什刹海的热闹。那冉冉散发的无尽魅力，更是引得人人上瘾，欲罢不能。

烟袋斜街自元代诞生，明代逐渐兴盛，至清达到鼎盛，之后却逐渐湮没于历史的尘埃，只有零散的几家小店，还深藏在旧日的梦中。直到北京25片历史文化保护区规划之后，2000年年末，西城区什刹海管理处本着“尽快把烟袋斜街恢复成繁荣的传统商业街并发展旅游”的思路，对斜街以及周边的古建筑、道观、民居等进行保护和修缮。在改造和规划过程中，西城区请来诸多专家、学者和专业的古建筑施工单位，群策群力，对斜街的建筑主题、发展方向、商业模式进行探讨和规划，决定在不改变原有胡同的宽度、走向和建筑形式的基础上，拆除违章搭建的小窝棚，还古建筑原有的风貌。在政府的大力支持、专家的指导建议下，西城区烟袋斜街的广大居民也积极发挥自身力量，结合政府区域保护和发展的思路，自主改建修缮，最大限度地使古代风貌、经济利益、百姓居住三方面的要求达到统一，提高建筑质量，合理规划使用面积，并形成了较好的观光购物环境，取得了政府、商家和居民“三赢”的结果。尽管依然只有二百来米长，十余米宽，改造后的街道却做足了北京特色。两边商店一家挨着一家，家家都透着个性：传承古街神髓的“兄弟烟斗”、手工缝制的“巧织”、个性化设计的“印IN”……真叫人目不暇接，首饰、衣服、古董、书本、礼品、字画、茶楼、饭馆、澡堂……小小一条街还真是种类齐全。今后附近还将兴建三层停车场，为游览这条“京味民俗商业街”的客人们提供最大限度的便利条件。

三 荷花市场

从地安门外大街和平安大道的交叉口向西拐，你会在路北看到一处小广场，时常有老头老太太围着下棋、踢毽子、聊闲天，他们背后是一个不算壮观却可称秀丽的牌楼，弯弯曲曲的栏杆隔开了交通要道的繁华，穿过牌楼，抬眼一望：倚红偎翠、莺莺燕燕。啊！好美的一片湖景！这里就是荷花市场。左手一排气派的店面，雕栏画栋，二层的建筑古色古香，落地的玻璃门窗通透明亮，恰到好处地将古典的幽雅与现代的明快结合起来。岳麓山屋、茶马古道、甲丁坊，那些艺术家右手一顷碧波荡漾，夏日里荷花摇曳生姿，数九寒天更有滑冰的孩子们叫闹喧天，生机盎然。

荷花市场虽然是有历史的老地名，但也是近些年什刹海地区修复、保护工程启动后才恢复了这个叫法。早二十年，这里是什刹海游泳池。作为北京为数不多的公共露天游泳池，这里成就了多少人第一次下水的经历。虽然未经治理的湖水浑浊不堪，水下时常能摸到滑腻腻的青苔，墙边常死死地趴着几只田螺，但作为便宜的消暑之处，这里依然以开放的亲民魅力吸引着四面八方的人们。当时平安大道尚未开通，什刹海与北海的水域只用一个铁栅栏隔开，水性好的游过深水区，隔着栅栏就能采到北海的荷叶，顺便一览公园的美景。太阳是滚烫的，湖水是沸腾的，什刹海里下饺子似的泡满了人。当时的人没有什么商业头脑，岸边连卖冰棍的都很少见，只有几家国营商店，闲坐着懒洋洋又亲切又无聊的售货员。

再往前推上几十年，那时夏季北京的气温虽然还未因全球温室效应而逐年攀升，却由于降温措施的匮乏而显得特别酷热难耐。当时京城的湖水树荫不是人民公园，而是权贵的私人领地，少数皇亲国戚逢夏日可去西山八大处、玉泉山等地避暑。平民百姓们没那么大排场，只能在居住地附近纳凉。人们自发地开辟了几处消夏园地，分别是什刹海、葡萄园、菱角坑、二闸，时称“消夏四胜”。当年的什刹海，因为地处市中心，周围商业齐全，十分热闹，是老百姓最为喜爱的消夏场所，“四胜”之首非它莫属。在翁偶虹先生的《北京话旧》一书中曾有这样的描绘：“……夹提杨柳，盈水荷花。西边一堤，路既宽敞，柳尤茂密，田为两塘，水色交滋。穿堤而行，烦热顿解。人们就堤集市，辟为荷花市场。……南从北海后门，穿桥历阶而下，迂回一个广场，踏堤往北，直到北岸，全属于荷花市场的范围。它的特点是突出清凉的‘凉’字。南堤广场中的冰窖，似乎是这个市场的号角，迎头宣告凉的先声。这个冰窖，从清室历代皇帝夏至日赐文武大臣饮冰的条例颁发以后，年年冬季，就海取冰，凿为方块（长三尺许，宽二尺许），入窖储藏。夏至启冰，颁赐文武。人入窖内，凉气即扑面袭来，再入则凉极而寒，砭人肌骨。这个消夏胜地，虽从旧历端阳节展开序幕，而真正热闹的高潮只在五月下旬到七月上旬……天气越热，游人越多。人游其中，仿佛穹庐四野的大蒸笼里隐藏着一个带风景的大冰箱，把一切都镇在冰箱之内。此时，遥望天际的夏日骄阳，任它火伞高张、炎威四射，人们也会以骄傲的目光蔑视它那可畏的虐焰。”①

荷花市场之受人喜爱，不仅是因为冰窖带来了气温的凉爽，更因为热闹的市井之气为这里增添了挥之不去的勃勃生机。唱京戏的精彩亮相，喝彩不绝；卖秋虫的低唱高鸣，聒噪连声；踢毽子的身段窈窕，上下翻飞；耍马戏的活灵活现，迭出奇招。虽然是筹钱谋生计，但这里的卖艺人比一般的生意人却更多了几分悠闲和对生活的享受。善耍飞叉和踢毽子的谭俊川，兴之所至，临时划场献技，虽是卖艺，却绝不为了几个铜板斤斤计较。而平常的马兰叶，在“马兰刘”那双灵动的手中，就变成了活灵活现的龟、蛙、鹤、燕。编结之余，他还会口唱道歌，劝人为善。“面人汤”哥儿俩的摊前常密密麻麻地围满了看热闹的人。他们的创作主题也是“凉”，“踏雪寻梅”“宝琴立雪”等引人往清凉处想的情景纷纷在老艺人的巧手下诞生。这些民间艺人虽然身份卑微，却绝不轻视自己的地位，他们用精湛的技艺来对抗老天的酷热，用热情的工作为平凡的百姓带来一丝清凉。

古老的荷花市场虽然没有如今富丽堂皇的酒吧，沿湖的茶棚却又是一

---

① 参见翁偶虹《消夏四胜》，载《北京话旧》，百花文艺出版社1985年版。

景。精明的茶老板们在湖面搭上木板，茶棚就在水上。微风扬波，升起阵阵凉意，喝一口滚烫的花茶，馥郁芳香沁人心脾，痛快淋漓。这时，旁边走来一位卖“冰糖子儿”的老人，衣着利落，精神矍铄，笑容可掬地兜售起篮子里的冰糖什锦。虽然只是小零食，但一个个精致剔透，逗人喜爱。老人家的态度更是彬彬有礼，让人不忍拒绝。什刹海的茶棚讲究的是清凉、清净，要想吃点什么解馋、果腹的，得向什刹海市场里去：奶油镯子、油酥细饼、爆肚儿、豆汁儿、羊肉豆腐脑儿……琳琅满目，各色齐全。最有特色的要数冰镇河鲜：嫩白的菱角、脆藕，剥皮洗净的核桃仁、杏仁、榛仁，清甜爽口，散发着天然的清香。

这里曾经是“庙会式”的消费场所，不仅销售商品，经营吃喝，还有许多热闹可看，满足了精神娱乐的需求。前面所说捏面人、编草虫等，工作过程本身就已具有艺术观赏性，而更精彩的，要属当年的“演艺界人士”现场献技。那些大名鼎鼎的京剧红角如杨小楼、王瑶卿、梅兰芳、程砚秋、谭小培、筱翠花等人有时会应邀到这里唱“堂会”，没有演出任务时，他们也喜欢到这里逛逛[①]。当年戏迷们捧红角的热情不亚于如今的粉丝追星，见到心仪的名角也会争相一睹偶像的风采。可惜当时相机少见，否则，一定能为我们保留无数精彩的瞬间。作为日常消闲的小把戏更是竞相吆喝着，为荷花市场增添了人气，什么拉洋片的、变戏法的、唱莲花落的、练武术的、说相声的……不绝于耳的喝彩声引得游人从一个摊子转到另一个摊子，迟迟停不下眷恋的脚步。

如果说鼓楼前商业区注重居民生息与商业发展共存、铺面堂皇、交通便利，烟袋斜街注重的是特色经营、凸显民族文化魅力，则当今的荷花市场可说是个营造情调、编织故事的领域。虽然不再有身怀绝技的艺人现场亮相，走在荷花市场，看人力车夫三轮上的流苏，在晴天里一路金光；看半大小子蹬着自行车一溜儿闪过，你会感觉到这里长久积淀下来的人文气息。

除了餐饮和酒吧，荷花市场周边也零星分布着一些小小商店，门大多关着，有的有一块奇怪的印记做名字，有的干脆没有。门脸很小，进深很长，

---

①　参见翁偶虹《消夏四胜》，载《北京话旧》，百花文艺出版社 1985 年版。

外面看去黑黢黢的，也不知道是不是在营业。推开门，往往有一个面容姣好，带几分疲怠的女子在内。散落的发丝仿佛还沉浸在午睡中，一年四季挣不脱的惺忪，和着门外朱漆雕梁、碧柳银荷，为店里精致细巧的衣服首饰添了一缕细腻的柔媚。在这般温柔乡中购得的玩物，是不是也能为新主人带来一个旖旎的春梦呢？柳荫街口的"琦域"便是这样一家小店，长不盈尺的木质招牌，低调地吟唱着，待要推门进去，却发现是锁着。大好的天气，正是游乐的好时候，也是做游客生意的好时候。主人呢？难道不忍辜负这一天的好太阳，也锁起门游乐去了？无奈地垂头沿水边走几步，前方，又看到一样的招牌，一样的"琦域"刻在棕色的木牌上。一时间竟不知是梦是真，这，真的是奇遇了。店里女主人盈盈地笑着，为我解开心中的谜。原来，什刹海边，"琦域"真的有两家，要为更多的人制造奇遇。这些有故事的小店，汇成了荷花市场的新亮点，喜欢淘宝贝的，爱和美女搭讪的，想听故事的，追寻浪漫的，在这里，多多少少能得到些灵感。

从会集了三教九流庙会般的集市，到大众游泳池、溜冰场，再到市中心装潢精美、定位高端的餐饮消闲场所，荷花市场的一次次蜕变，不仅是北京一处景区消费的沉浮，也不仅是若干小商贩命运的悲喜，它更记录了明清资本主义萌芽状态中小商品经济形式的繁荣，记录了新中国成立后计划经济体制下贫富无差的悠闲，也记录了改革开放后市场经济大手带来的转变。

四 后海周边

"冰糖葫芦矿泉水，闲着没事嗑瓜子儿……"走在后海边成排的大柳树下，望着对面浓密树荫掩映中的亭台楼阁，远远地就能听到这样的吆喝声。闲适的、懒洋洋的京腔京韵，虽然说不上多么响亮，却与和风柔柳配合得恰到好处，和着水纹，声音也仿佛润泽了，悠长地漂浮在周围的空气里。薄雾的天气，后海的水汽蒸腾，各处都好像笼上一层细密的薄纱，云卷云舒，树影婆娑，眼前的景物不再是北方的干爽明朗，而是层层叠叠，变化万端，水墨画般的江南。衬着这样的背景，卖糖葫芦的老人推着自行车，从画中走来。第一次见到，他就已经很老很老，而年复一年，他却没有更老，那悠长的叫卖声从来没有变。不是热情地招徕，不是谄媚地逢迎，不是急切地兜售，除了自行车后座上食品箱中陈列着的小吃，他和其他那些提笼遛鸟的、围坐观棋的老人没有什么不同。也许就为了湖边清新的空气，为了在柳荫下和老街坊邻居搭讪，也许就是为了排解退休后独自在家无聊的日子……

后海周边其实不是什么商业区，只住着些平常居民。因为靠水成不了交通要道，这里也没有太多的人流。居民们在这里恪守着日出而作、日落而息的日常生活，小生意也多是做给了街坊。邻里之间，卖些什么，多为方便，赚几个微薄的小钱。在后海路边的小商亭，卖的是酱油醋、冰棍汽水、香烟和二锅头，都是便宜的生活必需品，没有明码标价，都是约定俗成。商亭里没有年轻漂亮的售货员，也没有程式化的笑脸，卖东西的多是退休或下岗的大叔大婶，面颊上蚀刻了岁月的艰辛，却还保留着几分皇城根儿下的自负。他们的表情说不上亲切热情，对答中带着北京人特有的懒怠和儿音，让习惯了享受 VIP 待遇的你听着不那么顺畅。但没好气的神情下绝对不是一颗抱怨的心，这些院落里居住的人们，只是习惯了用挑剔和海侃为平淡的生活找一些平衡。

在这里做生意，赚钱是小头，解闷才是正业。他们不杀熟，一个胡同串起十几户，说话大点声隔壁都能听见，谁家不厚道，转眼就有人叫骂，成为邻里周知的笑话。他们不欺生，你操着一口外地口音也不必害怕多收几毛几块。“咱们是北京人!”虽然物质不甚丰富，他们却丝毫不认为自己属于社会的底层，说话间始终带着一份优越感。在什刹海成为公众游览区之前，这里的陌生人寥寥无几，就是胡同深处围着一片水。2003 年的 SARS 过后，酒吧兴盛起来，先是荷花市场酒吧林立，逐渐蔓延到后海南沿，天气好的时候，一些静吧也悄悄地把沙发摆到湖边，花红柳绿，看起来很是热闹。然而后海北岸依然是寂寞的，大批的游人被银锭桥附近热情的酒吧伙计拦截在途中；“野渡无人舟自横”的想象又把不少人带到了游船码头；偶尔有人参观宋庆龄故居出来，却搭上三轮车开始匆匆的胡同游。再往西走，人越来越少，远远望去只是一样的水面、树荫，不再有什么叫得上名字的景点。好奇贪鲜的人们往往就此止步，折往热闹的地方。所以，尽管酒吧越来越多，什刹海越来越热闹，后海周边依然是喧闹区域中静谧的一片。

只有在这里，你才能发现老北京胡同里的小商店。他们能毫不犹豫地叫出街坊常客的名字，对于熟人，绝不斤斤计较，也从不吝惜溢美之词。这里的交易方式不是一手交钱、一手交货的等价交换，少了几分钱，多拿根冰棍，甚至谁家孩子零花不够就先欠着，谁家儿女提前存点钱，省得老人出门忘带又得多跑腿……后海北岸的“爱海之友”就是这样一家典型的杂货铺。店主刘阿姨自1996年开始经营，如今已有十多年的历史。周边一次次改建、拆迁，像她家的小院这样靠海又临街的铺面可值了钱，但刘阿姨却丝毫不想改变什么，她的经营也还是老样子。小店里以前卖“北冰洋”“小碗儿”，现在卖“可乐”“和路雪”，顾客主要就是附近的居民和什刹海体校的学生。游人偶尔经过，会说：“您这儿的景色多好啊！要是开个酒吧，肯定挣海了!”可是刘阿姨还是觉得自己坐在杂货店的柜台后面最踏实。“爱海之友”是后海边最明显（当然，这个档次的小店本身也不可能多么耀眼），也最大的一家杂货铺。它充分地暴露了这个地区作为居民区而不是风景区的状态，居民的生活水平、消费额度只有在这里才看得最清楚。没有刻意复古的装修，没有红绿霓彩的映衬，就一块平板的招牌，还被阳光晒得褪了色。什刹海管委会也曾和她商量，是否能再改建、美化一下……可刘阿姨不爱听了：“我这店十几年了，不是挺美的吗?”的确，虽然没有富丽堂皇的门脸儿，可是小店让人看起来就是透着亲切。刘阿姨说：“人家游客也不光爱去酒吧什么的。有一次，一个外地人在我这儿喝了汽水，说：‘我太喜欢您这店了，一定得带点什么回去做个纪念。’我这有什么啊，都是每天用的。我就给他推荐了一瓶醋，又用得着，还健康有特色呢!”每天清晨，刘阿姨把门前打扫得干干净净，铺面前的大树挂上鸟笼，窗边的台阶上摆着花。每天望着一如既往的湖面，和路上形形色色的人，日子过得清闲舒坦。

这种居民自己开的小店，周边隔几条胡同，就能看到一个，它们大多没有名字。不经意走过普通的四合院，门前用半个牛皮纸箱子铺开了，大笔一挥写上“屋内有水果”，就是招牌。还有的认真点，用上了可口可乐、百事、雀巢等广告商赞助的牌匾。做的多是一块两块的生意，没有大笔收入，也没有暴发的心思。积少成多，是平凡人的本分。看到这样的小店，仿佛不是在新千年的国际化大都市，而是20世纪80年代末的北京，胡同里满地落着槐花，小院儿里种着“死不了”，远处蹦蹦跳跳跑来的，是扎着羊角辫的小女孩……说什刹海地区是北京居民心中最理想的居住地，跟这些小铺，跟开小铺的人们也有关系。谁愿意总到超市里去排队？谁愿意总去大商场血拼？骑个车到处逛逛，随时有熟人打个招呼；在家门口买点日用品，顺便聊聊家长里短；老百姓的平凡日子，是在亲切的邻里关系里建构起来的。

过鼓楼，穿烟袋斜街，逛荷花市场，到后海，一路走来，尽收眼底的，不仅是自然景观，还有层出不穷的人文与消费形态。元、明、清三代热闹的集市，新中国成立后几十年平民的聚居地，新千年后恢复修缮的历史文化保护区……在一重重蜕变中，什刹海不再是一个单纯得一眼就能看透的少女，它转变着自己，与世事沉浮迎面相对，它有几分高贵娴雅就有几分市侩气息，有几分丰富内敛就有几分坦白率真。你可以说，它在改变，也可以说，它从未改变。

烟袋斜街小店

如果仅凭贪恋的眼睛，就能为京城画一幅像，什刹海那蜿蜒的轨迹，宛如弯弯的眉梢，虽然只是青烟一缕，却尽显无限风情。而有关消费的区域，我更愿意将它看作一层层的衣裳首饰：体面庄重的地安门外大街是会客时的制服；热闹高雅的荷花市场是节日里耀眼的晚装；亲切家常的后海周边可以当作纯棉贴身小褂。而缤纷多彩的烟袋斜街，它并非必需品，却能带来愉悦，它可以高档也可以通俗，可以秀给公众也可以私密珍藏，它是女人的首饰盒，一枚枚假钻真珠，不问价格贵贱，都能增色添彩。

烟袋斜街大不过某些胡同，却因为两头畅通，一边连着鼓楼，一边望着银锭桥而热闹了许多。想当年，这条长二百来米的小街车水马龙、人来人往，出售的除了因街闻名的烟袋，还有需要冒险精神和投资眼光的古董、玉器、字画等，被称为“小琉璃厂”。20 世纪 50 年代公私合营的时候，这里共有店铺五六十家，大部分是老字号，但到了 1984 年，仅剩下 13 家。现如今，经过一系列的修缮和整改，烟袋斜街重新繁荣了起来，还大有赶超往日的架势。短短的小街上，竟然密密麻麻地挤下了七十余家大小不等、形态各异、经营多样的小店。

表　　烟袋斜街两侧小店统计

路西北	性质	路东	性质
兰亭	纪念品、杂货	湘海楼	饭店
石画	纪念品、杂货	银锭夜色	酒吧
老茧	服装	烤肉季快餐	饭店
沅沣	服装	昨日今日	纪念品、杂货

续表

路西北	性质	路东	性质
苗歌布衣	服装	香榭	酒吧
福巷工艺	纪念品、杂货	PASMINA 蒙泰食品	食品
诗意栖居	纪念品、杂货	CHINESE PAINTING	纪念品、杂货
闻风堂	服装	T-SHIRT	服装
温度	服装	嘉香茶庄	食品
喜马拉雅工艺	纪念品、杂货	宁媛	服装
利通商店	纪念品、杂货	二楼后座	老唱片
兄弟烟斗	纪念品、杂货	美人吧	餐吧
配钥匙	日常生活	海吧	餐吧
修车	日常生活	藕	餐吧
古玩 49 号	纪念品、杂货	红楼	纪念品、杂货
烟斗轩	酒吧	无名衣	服装
香草	茶吧	HF 中国红	服装
香草恋人	奶茶	巧织	服装
广福观	道观	云水阁	餐吧
温室	纪念品、杂货	木刻花	纪念品、杂货
三生万物	饭店	HUXUEY 什刹海	餐吧
味道布衣	服装	九阁唱片	唱片
莲花	服装、纪念品	纳西婆婆	服装
兰 T 坊	服装	嘎绒密境	纪念品、杂货
观海花园	餐吧	用汪	纪念品、杂货
阿苏卡酒吧	餐吧	VINTAGE STORE	纪念品、杂货
专业足底按摩	日常生活	湖景源	纪念品、杂货
阿帅专业美发	日常生活	兴穆手工	纪念品、杂货
金鑫园旅馆	日常生活	杭州特色小吃	饭店
修鞋	日常生活	中国民间工艺	纪念品、杂货
嫉妒	服装		
福衣	服装		
印 IN	纪念品、杂货		
阁楼衣橱	服装、纪念品		

续表

路西北	性质	路东	性质
大红门	服装、纪念品		
咖啡沙龙	餐吧		
翡冷翠艺刺堂	纪念品、杂货		
民间工艺	纪念品、杂货		

二百来米，七十多家！其中不仅有湘海楼这样具有一定规模的餐厅，还藏着个广福观，餐厅、酒吧、服装、古董、本土手工、舶来洋货，中文、英文和少数民族神秘的图腾，都能在这条街上看到。这样密度与容量的街道，恐怕全中国都很难找到第二条。

走在什刹海边，如果时间充裕，心情很好，身边还有密友相伴，不只是想休闲地随便走走，而是又要消磨时间，又要细细品味，还想找到一些在风景之外的回味，烟袋斜街应该是首选。如果只匆匆路过，烟袋斜街在你眼中，也许只是个卖各种零碎杂货的小地方。过于拥挤的铺面和过于繁杂的种类使它失去了高档的优越性。这些让人有着亲切感和些许不屑的小店就是这样，在一个众生云集的地方，把自己的门槛放得很低，把货物尽量选得独特又实惠，让往来原本无心购买的人也不觉得有压力。虽然免不了是衣服、首饰、字画、古董这几大样，但总的来说，烟袋斜街是多姿多彩的，每家小店都远远大过你的想象，东西多得数也数不完。别看摆在门前的都是大众化的俗物，如果肯移步向内里走去，又会发现一个别样的世界。逛小店，要有沙里淘金的耐心和慧眼，好东西总是藏在小店深处，只拿给真心的买家。

什刹海消费潜力的丰富来源于几大区域别具一格的特色，而能够把这种重叠、混搭的风格浓缩在一起，让人在最短时间内集中领略民俗购物环境的，应该就是烟袋斜街。这些集中的、繁复的、密集的小店，情态各异地显示着自己，它们大多如同原野上的野花，绽开时缤纷绚丽，却朝生暮死，隔一两个月，街上的店面就更新了若干。走在街上，你会发现许多没有名字的小店，主人们大多抱着试一试的态度，做招牌费工夫，定格调费心思，先进两批货探路，买卖不好就及时改弦更张。还有人干脆就是当地住户，院墙上再开一扇门，夹道里摆上几柜货，日常生活的间隙里做起生意，只是添个乐子罢了，并没有认真想做什么经营。当然，也有的人找对了路子，实现了淘金的梦想，正是他们这类个性化的特色小店，为斜街增添了魅力，使小街变得丰富多彩。

（一）前院开店后院休闲

胡同里的老北京人，特色就是没多少功利心。由于生在皇城根儿下，自然带上了几分自以为是的懒散和闲适，过着衣食丰足的日子就好，为积累更多财富而辛苦奔忙的资产阶级积累，绝对不为他们崇尚。烟袋斜街人多了起来，原本平静的四合院热闹了，看着小生意好做，许多人家敞开邻街的门，也捎带手地做起了小生意。手工贬值的中国结、20 世纪 30 年代的月份牌、50 年代的红袖章、80 年代的小甜歌……胡同里藏着的平常物件被摆在了柜台上。有点海外关系的，更有在国外跳蚤市场上淘来的“外国古董”，遥远国度的煤油灯、见识过“二战”的旧军装、上了年纪的老风铃……

这样的店主，多是老北京，虽然身家并不显贵，却有自己熟悉的行道，有空还能给顾客们上一课。他们大多还都有点大爷脾气。想在店里淘货，一定要觍着笑脸，小心观察店主的态度。如果像在动物园之类的地方拦腰一砍，遭到的白眼估计能赛过卫生球；如果只是随意看看，也要夸几声主人的眼光独到，东西别致。第一次造访的客人，一定要预备好吃几次闭门羹。由于没有房租的压力，店主想开就开，有事就走，营业时间绝无规律，钓鱼、喝酒却有保障。早期烟袋斜街 69 号的“锯古斋”和“拆那”，就是这样两家小店。现在，“锯古斋”的主人已经不耐经营的辛劳，彻底将铺面出租，舒舒服服当房东拿钱去了，传说中特“个”的大爷式掌柜，早已被“VINTAGE”殷勤的小伙计替代。剩下“拆那”，在窗棂贴个小小的黄纸告示，一不留神就晃了过去。这里从不精心做生意，只是靠省了房租的优势，有一搭没一搭地卖点东西、打发日子。

（二）私密消费非请莫入

有的店铺装潢得很有韵味，古朴的红木、细致的瓦雕，显示着主人的精心和品位。外面不一定有招牌，铺门如果不是紧闭，也必定有竹麻或轻纱的帘幕低垂，让人搞不清楚是服装店、咖啡店还是精品店。贸然推门进去是绝对不敢的，那份低调的高贵，分明显示着“非请莫入”的姿态，万一不小心闯入了某家姑娘的闺房，那该多么尴尬。虽然身处一条大众化的街道，这样的小店，做的是高端，迎的是熟客。里面的衣饰，大多是主人一件件挑选而得，有的来自港澳，有的更曾漂洋过海。小店里，主人营造的是私密空间，贵族享受，品位不低，价格不低，光顾这里的人是为独一无二的感受埋单，所以觉得很值。这里不仅是商店，也是主人的聚会场所，是朋友的沙龙，“美人吧”“红楼”……这些带着闺房气息的名字，正反映出了私密的心情。

想作出贵族气息、赢得稳定的私人消费顾客群，不是一件容易的事情。这类小店的经营者们又多是唯美主义者，在装修细节、货物选择过程中都要求尽善尽美。定价原则不是依据市场规律，不是凭借货物成本，而是由个人喜好左右。他们有一笔闲置资金，没有太多生存的困扰，开一家私密小店不为生计，而是要宠着自己。遵循如此曲高和寡的定位，那些不肯放下身份架子的经营者简直是在找寻托付心情的知音。然而，在这个以消费为招牌的名目下，想找到脾胃相投又肯一掷千金的人，又有多么难呢？一家家精致的小店，就这样静静地开业又静静地关张，只有常来常往的朋友，还会在很久以后，记起烟袋斜街的某扇门后，曾经是一个如此多情而执着的小店。

（三）同生共处经营梦想

烟袋斜街的淘金梦风生水起，这里的生意人逐渐多了起来，铺面的租金一天一个价。面对日益上涨的门面房租，资金实力不甚雄厚却又想开店的年轻人们友好协作，把小店“小”的精髓发挥到了极致——一个门脸里能挤得下两家甚至几家铺子，在小小的街上共同经营运作着。有的一个门楼一边是柜台，一边是里间的通道：你以为进的是纳西婆婆，进去挑挑选选，买了几张外文碟，却发现手中的包装上写着“九阁唱片”——这两家的界限只是两级台阶而已。有的则分出了上下空间：横空看到一个牌子“二楼后座”，这不仅是风靡20世纪90年代初BEYOND乐队一张大热的粤语碟名，也标明你想进这家店铺，需要从“宁媛”“美人吧”“海吧”等一层的小门脸中找到入口，上到二楼再向后转……

小店虽小，招牌和品位却绝不含糊。开店的多是帅哥靓妹，他们笑吟吟的，希望和来往的客人成为朋友。在烟袋斜街的店中，他们是非常认真做生意的一群人，需要获取利润，也想增加一段浪漫的经历，在古老京城风景绝佳的所在找一块属于自己的角落，圆一个纷繁华丽的梦想。店里出售的多是窄众商品，那些珠子、花饰、羽毛、CD……都期待着能成为慧眼人心中的珍藏。爱寻新猎奇的顾客来到这里可是找对了地方，在对那一件件花样繁多、样式独特的商品反复比较、细细揣摩中消耗的时光，比喝了一杯拿铁咖啡还要来得醇香。

（四）百搭商品百搭游客

比起上面的特色共营店，还有一类面积虽大，实际却更小的小店，说不清楚算摊位还是杂货铺子。它们打的是民俗招牌，卖的是旅游纪念品，物美不美不说，价格却低廉得不容你犹豫。这里的商品，你几乎可以在任何一个旅游点见到，虽然俗气、平常、没品位，但是那热闹的大红璎珞、耀眼的玻璃珠串、五彩的陶瓷盒子，在阳光下依然闪烁出暖洋洋的喜悦。既然商品价格低廉，就要靠摊低成本、薄利多销取胜。降低成本的办法之一就是一间店铺被划分若干区域，几位店主共同经营。斜街快到鼓楼那边，路北的几家都是这样：门外伸出遮阳棚的是一家，门口的对联窗花招贴画是一家，左墙的镯子耳坠针线包是一家，右墙的扳指儿鼻烟壶是一家，靠里能拉上帘子换衣服的角落又是一家……因为老板多，干脆也不起名字，统称“民间工艺”。几位老板各自为营，相安无事。

这种小小店铺最大的特点就是省事，进货不需要专业知识，销售不需要市场策略。主人们挣钱的欲望也不甚强烈，多半是为有余力没工作的人提供一丝消遣。商品集约搭配，很好地实现了差异化和多元化经营，一间店铺花样百出。有顾客的时候，风格互补、优势突出，又不抢别人的风头，没顾客的时候，几个老板还能聊聊闲天或是凑上一桌牌，赚钱或是不赚钱的一个个午后，就这样慢慢地走了过去……

（五）真实生活浮生百态

无论是精品会所还是杂货铺子，大小店面都可算与民俗旅游购物的主题相称。而当你走在这些花红柳绿、满面春风的殷勤侍者之间，突然看到一块污迹斑驳破的木板招牌，会有什么感觉呢？沧桑？真实？讽刺？恶搞？后现代？一个长近一米，颜色鲜黄，手工拙劣的大大的钥匙模型，就明晃晃地挂在街中，旁边的木板上书“53号，昼夜配钥匙”。走不了几步，又见到一个铝箔的钥匙模型，白头发的老伯坐在自家的屋檐下，干的也是配钥匙的行当。还有修车摊儿，把带着窟窿的粉红色内胎见缝插针地安置在花团锦簇的小店包围中。那些穿着汗衫、白发苍苍的老人，看起来是在专注着手中的报纸或是其他什么活计，但心里却始终有一根神经留意着街上的人流。他们能远远地在第一时间感受到客人的需求，摊位旁一有人停留，就知道你是顾客，是问路，还是仅仅为了拍张照片。虽然清瘦，但老人们脸上的每一道皱纹都写满了对生活的热情和希望。

觉得不合时宜，还是有几分苍老的民生韵味？烟袋斜街本来就是平民居住的地方，上了岁数的老工匠正向游客展示着一份真实的胡同生活。在老北京，这才是浮生百态。生活不是光鲜的精品店，生命不只属于二十来岁的打工者，京城胡同里的老爷子们发挥余热、乘凉读报的同时，在胡同里为街坊提供日常便利。不为打发空巢寂寞，不为谋取经济利润，太多云烟过眼，富贵如浮云消散，他们已然到了神闲气定、宠辱不惊的境界。斜街寂寞时如是，斜街热闹时亦如是……

（六）精品意识市场宠儿

如果仅仅是摆架子、造情调，或者批量销售便宜的旅游纪念品，烟袋斜街绝对不能聚集起如此热烈的人气。在这条街上，一些有才华的创业者凭借着原创眼光和敬业精神，把一家家特色小店经营得滋味十足、活色生香。

听到“闻风堂”，你会想到古代大户人家的正厅吗？有一点神秘色彩，有一点武侠精神。这里经营的是带有京剧脸谱的手绘T恤，一件一个图案，穿上它就有了你专属的形象。

散发着浓烈异族气息的熏香，老远就把人带入神妙的“嘎绒密境”，穿梭在绚丽多彩的唐卡和琳琅满目的藏饰中，仿佛走进了日光强烈的青藏高原，活佛开光的法轮护身符、蜜蜡凝结成的大颗珠串，每一个都在讲述着神秘的故事。

古老的石砖门上，悬挂着巨大的蛛网，走进这山洞一般幽深朦胧的房子，你就走进了“巧织”。昏暗的光线中，织衣婆婆永远静静地安坐在一角，不停地针线穿梭。这里将人带回了童话中的古堡，而那些原本普通的衣物，在巧手的点化下竟涅槃为神奇的霓裳。

一只硕大的蝴蝶停在了谁家门前？哦，原来是彩绢扎成的风筝。这家店名为“利通”，典型的老古董叫法，经营的也是各式古旧“破烂”。您别嫌破旧，它仿佛是童年的宝匣，那空竹、灯笼、自行车座儿、木窗棂，件件都禁得起细细把玩和寻味。

门上悬个酒葫芦，窗边挂个大鸟笼，您可别以为这是哪家公子哥儿的别院，人家“兄弟烟斗”传承了烟袋斜街的历史，将八旗遗风搬到店面，在当今香烟遍布的年代，谁能不承认那木制的烟斗、金属的烟盒、黄灿灿的烟叶，没有笼罩着奇妙的光彩？

当你正在凝视“莲花”中缀满金线的印度沙丽时，悄没声地，身边一只毛茸茸的小兽窜过，幽黑的瞳孔因为缺乏光线而放得很大，哦，是只自由的猫儿。它不属于谁家，可以说是流浪猫，但烟袋斜街上所有的门都向它敞开。灵动的姿态、娇媚的性格，猫咪成了公众的宠儿。

“印 IN”里各式各样的笔记本，超长的彩色 MARK 铅笔，让人忍不住产生当“几米”的志愿。“翡冷翠艺刺堂”里的剪刀让一张张普通的红纸讲起了灵动的故事。那边雕塑摊连个招牌都没有，却就地摆开架势捏起了泥人，看他展示的作品照片，还真捕捉到了模特的神韵……

这些小店就是烟袋斜街最吸引人的地方。店主大多有艺术品位，又有商业眼光。不论是自主设计还是代理品牌，他们都有吃苦耐劳的勇气和将品牌做大的野心。强烈的创业精神使他们能够下决心钻研市场和消费人群；严格的精品意识使他们能把握好商店的格调；作为年轻人，他们尽量了解都市青年的消费心理，对产品进行合理的价格定位。小店经营的是个性化的理念，也能使这理念迅速普及大众的心目中，在不失格调的同时成为崭新的潮流。小店与发展中的烟袋斜街相得益彰，店主获得了利润，斜街则被赋予了源源不断的活力与灵气。

衣服、首饰，成箱成匣，让人无从选择，又无法割舍。什刹海小店的魅力就在这里。它凌乱无序却又丰富多彩，这里的每一个地方都记录着京城水域的花样年华。什刹海的魅力绝非一蹴而就，就像一个女人风韵的形成，并非一朝一夕，而是经历了情感与世故，懂得了张扬与包容后的积累。这种丰富的包蕴制造出多层次重叠之美，既无法制造，也无从改变。

主要参考文献

一　专著

鲍德里亚：《消费社会》，刘成富、全志刚译，南京大学出版社 2001 年版。

罗兰·巴尔特：《符号学原理》，李幼蒸译，生活·读书·新知三联书店 1988 年版。

布里曼：《迪斯尼风暴——商业的迪斯尼化》，乔江涛译，中信出版社 2006 年版。

瓦尔特·本雅明：《巴黎，19 世纪的首都》，刘北成译，上海人民出版社 2006 年版。

包亚明：《现代性与空间的生产》，上海教育出版社 2003 年版。

陈冠中、廖伟棠、颜峻：《波希米亚中国》，广西师范大学出版社 2004 年版。

陈平原、王德威：《北京：都市想象与文化记忆》，北京大学出版社 2005 年版。

陈学霖：《刘伯温与哪吒城——北京建城的传说》，生活·读书·新知三联书店 2008 年版。

陈映芳：《都市大开发：空间生产的政治社会学》，上海古籍出版社 2009 年版。

德波：《景观社会》，王昭凤译，南京大学出版社 2006 年版。

MICHAEL J DEAR：《后现代都市状况》，李小科等译，上海教育出版社 2004 年版。

邓云乡：《增补燕京乡土记》，中华书局 1998 年版。

凡勃伦：《有闲阶级论》，蔡受百译，商务印书馆 1964 年版。

包亚明：《上海酒吧》，江苏人民出版社 2001 年版。
米歇尔·福柯：《规训与惩罚》，刘北成、杨远婴译，生活·读书·新知三联书店 2007 年版。
郭少棠：《旅行：跨文化想象》，北京大学出版社 2005 年版。
戴维·哈维：《后现代的状况——对文化变迁之缘起的探究》，阎嘉译，商务印书馆 2003 年版。
金秋野：《宗教空间北京城》，清华大学出版社 2011 年版。
刘东黎：《北京的红尘旧梦》，人民文学出版社 2009 年版。
李金龙：《皇城古道北京前门大街》，解放军文艺出版社 2000 年版。
Scott McQuire，The Media City：Media，Architecture and Urban Space，SAGE Publications，2008.
芒福德：《城市文化》，宋俊岭等译，建筑工业出版社 2009 年版。
约书亚·梅罗维茨：《消失的地域：电子媒介对社会行为的影响》，肖志军译，清华大学出版社 2002 年版。
乔治·瑞泽尔：《当代社会学理论及其古典根源》，杨淑娇译，北京大学出版社 2005 年版。
桑内特：《肉体与石头：西方文明中的身体与城市》，黄煜文译，上海译文出版社 2006 年版。
斯宾格勒：《西方的没落》（第二卷），吴琼译，上海三联书店 2006 年版。
苏贾：《第三空间——去往洛杉矶和其他真实和想象地方的旅程》，陆扬等译，上海教育出版社 2005 年版。
陶东风：《文化研究：西方与中国》，北京师范大学出版社 2002 年版。
詹姆斯·特拉菲尔：《未来城》，赖慈芸译，中国社会科学出版社 2000 年版。
王军：《城记》，生活·读书·新知三联书店 2003 年版。
翁偶虹：《北京话旧》，百花文艺出版社 1985 年版。
汪民安、陈永国等译：《城市文化读本》，北京大学出版社 2008 年版。
简·雅各布斯：《美国大城市的死与生》，金衡山译，译林出版社 2006 年版。
伊尼斯：《传播的偏向》，何道宽译，中国人民大学出版社 2003 年版。
张鸿雁：《城市形象与城市文化资本论》，东南大学出版社 2002 年版。

张惠岐、罗保平：《北京地方志：前门大栅栏》，北京出版社 2006 年版。

詹明信：《晚期资本主义文化逻辑》，陈清侨等译，生活·读书·新知三联书店 1997 年版。

SHARON ZUKIN：《城市文化》，张廷佺、杨东霞译，上海教育出版社 2006 年版。

二 编著

北京市东城区政协文史资料文员会、北京市王府井地区建设管理办公室编：《今日王府井》，文物出版社 2001 年版。

蔡禾主编：《城市社会学——理论与视野》，中山大学出版社 2003 年版。

缪荃孙辑：《顺天府志》，北京大学出版社 1983 年版。

潘荣陛编：《帝京岁时记胜》，北京出版社 1961 年版。

孙伦振、李洁如编著：《王府井大街》，北京燕山出版社 1991 年版。

中国人民政治协商会议北京市委员会文史资料委员会编：《王府井》，北京出版社 1993 年版。

三 辑刊

包亚明主编："都市与文化译丛"，2005 年至今；

陈平原主编："都市想象与文化记忆丛书"，2005 年至今；

蒋原伦主编："媒介批评"，2005 年至今；

孙逊主编："都市文化研究丛书"，2005 年至今；

陶东风、周宪主编："文化研究丛书"，2002 年至今。

后 记

作为一个出门就转向，缺乏纵深感，从来看不懂示意图，对影像也毫无记忆力的人，想要挑战空间研究真是自不量力。但是，当你迷恋一件事的时候，越难不就越激发欲望吗？写文章是个技术活，但有了满腔热情，技术也能变成艺术。怀着这样的期望，我勇猛地冲进了都市文化研究领域。

这本书关注当代都市空间。我本想把它写成很酷很严肃的理性分析，但书里说的是北京啊！城门环绕的四九城处处印满亲切的痕迹。面对它，我怎么能够矜持得起来。所以，这里所谓的学术研究其实是感性的产物。所选空间对象，堂皇地说是北京地标、历史烙印，但实际上，不过是因为我偏心！前门、王府井、后海……这些地方都是我所熟悉和喜爱的，都离我童年成长的“西绒线胡同”不远。十几年过去，我长大了，这些胡同、街道、城区也变了模样。当它们在我口中不再是糖葫芦、妇幼商店和游泳池的象征，而被统称以“当代都市空间”的时候，我发现，空间的更新速度其实比人的成长成熟还要快。就这样，空间和时间在我脑海中碰撞。既然才短短十来年，北京空间就旧貌换新颜，那如果放在千百年历史的长河里，当那些木制的雕梁画栋腐朽衰败，钢筋水泥的楼宇也推倒翻新之后，北京空间还能留下些什么呢？我想，除了冷冰冰的经纬坐标、沙盘模型，它们还应该是文化景观、是民众记忆。

我是一个很不着调儿的女博士，完全没有传说中灭绝师太那严谨的理论思维。当年读书时仰仗老师给选好书单，毕业之后就只能就东一眼、西一眼，自己闷头看。读不读得下去全凭兴趣，记不记得住全靠运气。幸好，做都市文化研究除了熟悉理论，还需要熟悉都市，换句话说，就是堂而皇之地去最繁华的城市旅行，在最精彩的地方游荡。都市空间胜过一切自然，在这里，人类是真正的造物主。只有看着那博物馆、画廊、千奇百怪的建筑、闪烁亮丽的霓虹，我才真正感受到人类的伟大——人类从无到有地创造了文化。虽然没有一双善读理论的眼睛，好歹有两条很耐跑的腿。我自豪地扛着背包，用脚步丈量伦敦一区、巴黎内城、纽约曼哈顿，还有北京的二环。走遍世界知名大城之后，我能够很有底气地说，北京才是我的真爱。

就这样兴之所至地阅读都市，随心所欲地深入都市。虽然理论方面还没什么把握，但情感经验却已积累到了不吐不快的境地，只能硬着头皮提笔。还好，虽然人笨，运气却不差，每每资源枯竭、肝肠寸断之际，总有良师益友适时出现，有的提供意见，有的帮查资料，苦中作乐、左右逢源，写得竟然并不很艰难。

这本书能够出版，得益于首都师范大学陶东风老师的关注。多年以来，陶老师不遗余力地推动文化研究在中国的发展，使越来越多的跨学科话题纳入学术研究视野，也有众多青年学者投身此列。我有幸成为其中一员，此次更蒙陶老师百忙之中为我写序，真是颇感荣幸。

我的导师蒋原伦先生是我学术研究强大的后盾。读博时他就着力培养我们平等交流、畅所欲言的氛围。如今虽然已经毕业，但每当遇上难题，第一个想到的依然是蒋老师。

另外，我还要感谢中国社会科学出版社的郭晓鸿女士。记得当年初见便颇感亲切，以至患有深度脸盲症的我都对她过目不忘。恰好书稿被送到晓鸿姐手中责编，希望这本书能像她一样，呈现青花瓷般精致婉约的气质。

学术女的生涯自然少不了闺蜜亲友团。我们这一级北师大文艺学“女博士楼”里的姐妹们，一起找工作、一起生孩子、一起做科研，每个人的收获都因分享而增长，每个人的付出都因分担而减轻。特别是我当年的同屋、如今的首都方志馆编辑王颖超博士，她以民俗学的理论背景、编辑的职业敏感和方志馆馆员的职务之便，为我所做的北京都市空间研究提供了不少支援。另外，我们“中外阅读会 THE SECOND FACE”的一众书友、首都文化研究院的各位美丽书女，都是我前进的动力和榜样。

2015 年冬天的一个下午，我坐在纽约曼哈顿上西区年代久远的破公寓里，写下这页文字。看着朋友圈里雾霾与蓝天交替刷屏，思念着地球背面已然开始沉睡的北京。先到这里吧，那些对我好的人，数也数不完；那些关于北京的话，也同样是说也说不尽。

许苗苗

2015 年 12 月 23 日